姑娘，愿你活得贵一点

尼可 ㊟

花山文艺出版社

图书在版编目（CIP）数据

姑娘，愿你活得贵一点 / 尼可著. -- 石家庄 : 花山文艺出版社, 2019.5

ISBN 978-7-5511-3472-9

Ⅰ. ①姑… Ⅱ. ①尼… Ⅲ. ①女性－成功心理－通俗读物 Ⅳ. ①B848.4-49

中国版本图书馆 CIP 数据核字（2019）第 039728 号

书　　名：姑娘，愿你活得贵一点
著　　者：尼　可

责任编辑：李　爽
责任校对：李　伟
封面设计：张瀚尹
美术编辑：胡彤亮
出版发行：花山文艺出版社（邮政编码：050061）
（河北省石家庄市友谊北大街 330 号）
销售热线：0311-88643221/29/31/32/26
传　　真：0311-88643225
印　　刷：涿州汇美亿浓印刷有限公司
经　　销：新华书店
开　　本：620×889　1/16
印　　张：15
字　　数：98 千字
版　　次：2019 年 5 月第 1 版
2019 年 5 月第 1 次印刷
书　　号：ISBN 978-7-5511-3472-9
定　　价：59.00 元

目录
Contents

第一辑
001

最好的爱情是相爱相生

第二辑

055

有一种感情叫作食之无味，弃之可惜

第三辑

097

你一定要努力，但千万别着急

第四辑

145

愿你与所爱相配，而不是自惭形秽

第五辑
183

人生究竟要走多少过场，才能过想要的生活

第一辑

最好的爱情是相爱相生

别等了，他不会回你微信的

- 01 -

00:00。

数字一跳，又是新的一天。

顾西已经三次放下手机，现在又第四次拿起了。她盯着时间一点一点地跳动，不知道该做些什么。

打开微信，刷新朋友圈，随手点了几个“赞”。点开他的头像，想了许久，打了几个字。手指在发送键上迟迟没有落下。好像下了什么决心，又“啪啪啪”地全部删去，干脆地按下锁屏键，把手机胡乱塞到枕头下面。

跟她发微信时一字一句地斟酌相比，删微信、放手机的速度堪比光速。

叹了口气，三天了，他究竟在干什么，真的忙到连微信都不能回吗？哪怕回一个“忙”字，也可以让她松一口气。

“在干吗？”“吃饭了吗？”“我在路上看到一只晒太阳的小猫，发给你看。”“等得困了，我先睡了。”

……

吃饭，盯着手机；上课，盯着手机；上厕所，盯着手机；洗澡也要把手机铃声开到最大，放在附近，以防漏接任何一个电话。

手机终于响了，她从梦中惊醒，眼睛还没睁开，手指却抢先滑开接听键。

“您好，请问您最近对理财感兴趣吗？”

“啪”地挂断，转过身接着睡去。

一滴泪从眼角滑了下来。

- 02 -

已经忘了是第几天。

顾西心不在焉地看着韩剧，时不时地关掉画面点开微信。她生怕网络延迟，微信消息不能及时通知。

她持续的阴郁心情让自己变得神经质：出门找不到公交卡，气得蹲在门口号啕大哭；进门找不到钥匙，直接把包翻个底朝天，化妆品、钱包、耳机哗啦啦地滚落到地上；外卖订单来迟，就当着小哥的面儿把外卖扔进垃圾桶。

此时她肚子早已饿得咕咕乱叫，真后悔自己一时冲动，恨不得去翻垃圾箱，找出那盒香喷喷的鸡排饭。

百无聊赖，她发微信给朋友：在干吗？

等了好久，收到回复：在加班呢。

顾西知道她只是想排解等待的仓皇失措的心情，但又不忍心去打扰朋友，于是放下手机，在床上翻来覆去。

过了一会儿，朋友电话打来：“怎么了？我刚才在加班。”

“没事，我……没什么事。”

“你是不是心情不好？”朋友听出了顾西的欲言又止。

顾西心头一热，泪花泛了上来。原来还是有人关心她的。她使劲儿控制嗓音，不让朋友听出来她的哽咽：“没有，我只是想你了。”

我只是想你了。

好像是对朋友说，更像是对爱人说。

- 03 -

换作以前，她会哭，会闹，会打无数个电话，会不顾一切地飞奔到他面前，质问他是不是不再爱她。这次她却安静下来，经历了无数次这样反复无常的消失，短则两三天，长则半个月。过了一次又一次提心吊胆的日子，她是否该把这种不得宁日拉伸到一辈子那样长？

于是在他消失了第 N+1 次后，她选择了沉默。

她从起初的气愤、焦虑，渐渐变得担心、无助、彷徨，最后她沉默了。

日子渐渐过去，顾西从无精打采慢慢找回了生活的重心，攀岩、蹦极、学瑜伽、跟着美剧学口语，买一张演唱会门票，为祭奠青春疯狂呐喊一次。似乎比跟他在一起时过得更加充实、快乐了。

但始终没再主动联系过他。

一切似乎都已是过去，他的影子几乎淡出了生活。

终于他还是打来了电话。

她强按着自己快跳炸裂的心，深吸一口气，缓缓吐出，滑过接听键。

“喂？”

“这几天太忙了，没顾得上跟你联系。”

“嗯。”

“知道你肯定想我了，一完事赶紧给你打电话。”

“嗯。”

“你在干吗？”

“没干吗。”

“西西，我知道你生我气了。”

“没啊。”

“你别这样，心情不好就骂我两句。”

“不用啊。”

……

长久的沉默。

“那我们……就这样吧……”他小心翼翼地试探。

“好的。”

“你……要保重。”

“好。”

按了挂断，顾西早已清泪涔涔。她抽出一张纸巾，小心地蘸掉睫毛上的泪水，不让它弄花了妆容。然后她拉黑了他，更新了一条朋友圈：

爱你的人，不会让你等的。

- 04 -

恋爱中的人智商为零，这句话不假。爱情的盲目让我们爱一个人超越了爱自己，这种盲目深陷蒙蔽了我们的双眼，失去了基本的判断能力，难以分辨对方的本来面貌，只沉醉在自己制造的浪漫幻想中。密切关注对方的一颦一笑，只要他皱眉，你就会心碎；只要他微笑，你就会沉醉。然而什么是让自己开心的事呢，早已经忘到九霄云外了。

回头想想，自己的梦想，好像越来越模糊，逐渐缩成一个光晕，倏地一闪，回荡在时间的尽头，渐渐消逝。

女人一定要先爱自己，再去爱别人。你都不曾把自己的生活粉饰得精彩，对方怎肯轻易跳进这幅没有色彩的泼墨山水画里？

女人在爱情中一定要留有余地。这并不表示女人就不要全心全意地投入，只是我们要知道爱情并不是生活的全部。温存的亲情、忠诚的友情和通过你不懈的努力最终实现的梦寐以求的理想，都会让爱情发酵得愈加美好。

忠于爱情的前提是要先忠于自己。当一个男人不再回信息，请放弃等待。千万不要怀疑是否自己做得不够好，出问题的并不是你，因为你根本无法叫醒一个装睡的人，也无法轻易拆穿一个精心编织的谎言。

所以请带着微笑离开，看破不说破才是做人的智慧，当你高昂着头转身离开，无比自尊地告诉他，在这段感情中，你始终不卑不亢。这才是结束这段感情最完美的结局。

永远不要拉黑深爱着的人

- 01 -

凌晨，手机嗡嗡作响，打开手机，小天一股脑儿发来很多条微信。

“怎么样才能体面地加回拉黑了的好友？”

我有些不解，问她：“既然选择了拉黑，为什么还要加回来呢？”

原来，小天跟男友吵架，一气之下就把男友的微信拉黑了。

男友一个人在国外，平时最方便快捷的联系方式就是微信了。几天来毫无消息的男友，让小天格外担心，可是拉黑了的微信，又不好意思再主动加回去。

担心之余，令小天更生气的是，男友明明知道自己平时都要互道晚安才能安心睡着，即使吵架了也依旧会担心自己，挂断了无数次的电话和视频，依然会按时响起来。这次是怎么了，男友几天都不肯主动联系自己，莫非真是他出了意外？

小天渐渐从最初的生气，慢慢认识到吵架的罪魁祸首还是自己的任性，再到后来习惯性地等待男友的主动联系，到现在的焦急和担心不已。

我说："如果你真的担心对方，就应该让对方知道。"

小天犹豫："如果我主动联系他，那不就明摆着认输了吗？"

可在感情中，真的没有对错啊！只要是有益于两个人感情走向的，都是真理。

小天觉得有道理，但还是有些犹豫不决，她还要再仔细想想，或许她还期待男友像无数次曾经一样，主动联系、主动认错。

永远不要拿拉黑好友这种方式，来试探对方的底线。

- 02 -

几天后的某个午后，我看到了一条孤零零的留言。

是小天。

她最终还是没能等到男友的主动联系。实在没能忍住的小天，主动发送了添加好友的申请。挨过几个世纪那样漫长的等待，都未能通过好友验证，担心到极点的小天拨通了男友的电话。

经过几天的揣度和猜疑，自我反思和担心对方的折磨，小天早已经没有了吵架时的据理力争和能言善辩。

她委屈却又小心翼翼，出于对对方的爱和与日俱增的担心最终还是战胜了面子和所谓的尊严。

男友还是加回了小天的微信，不过也告诉她，这是第一次，也是最后一次。

下一次他躺在黑名单之时，就是他们的分手之日。

女孩的可爱大都是由男生来定义的。撒娇的耍赖叫卖萌，偶尔无理取闹也无伤大雅，可任性的次数过多，就有蛮不讲理的嫌疑了。

男人喜欢女孩的撒娇卖萌，却不喜欢女孩的不通情达理。当包容到极限的时候，剩下的就只有厌烦和制衡了。一旦制衡都无法改变女孩的时候，男人就会做出选择，是否再继续这段毫无乐趣的感情了。

当对方不再通过你的好友验证，拒收你的信息，同时也意味着，对方拒收你的关心，拒绝你的爱，拒绝这段感情，也拒绝了你的人。

你们的最后一面、最后一句话，有可能永远是系统自动发送的那句极其冷酷无情的：对方拒收了你的消息。

- 03 -

你也许会拉黑深爱过的人。

但请一定不要拉黑深爱着的人。

深爱过的人，已经确定对方一定是自己人生的过去式，真的没有机会再在一起，但又真的无法忘记，影响着正常的生活，那么拉黑对方，截断自己单方面的想念，或许不失为一个度过人生困境的好方法。

深爱着的人，互为彼此感情世界的进行时，无论感情处在什么阶段，争吵如何激烈，狠话说了多少，互相拉黑，一定阻断了双方和好的最佳途径。

当所有的歉意、自责、鼓起的勇气都被拦截、哽在喉中，反复消化、削减，再消化、削减，最初的勇气也会一次次减弱，最终再没有和好的冲动。

所有的妥协、退让、原谅无可奉告，便强迫自己算了就算了。

所有的爱意、决心都被系统消息重新唤醒：对方已经拉黑了我，何必再做徒劳的努力？

拉黑，是解气，但同样是釜底抽薪。不给对方机会，同样也不给自己留任何机会。

拉黑深爱的人之前，就要做好把这段感情变为过去式的准备。如果只是吵架生气，不打算结束这段感情，就要学会管理情绪，给对方留有余地，也是给自己一个选择的空间。

拉黑了的好友，就不要主动加回来了。重新添加的好友，很难将嫌隙一键删除。就像是重新粉饰的感情一般，敏感脆弱，仍有裂痕。

不想让最爱的人受伤，就别拉黑深爱的人。爱情需要的不仅仅是永葆激情，更需要学会适时地减速和缓冲。

有多少状态“仅自己可见”

“再不见的过去，看不见的未来。”

- 01 -

不知道大家有没有定期清理朋友圈的习惯？

反正我有。

相信大家都有种感觉，一想到曾经发过那么傻的心情，就满脸通红羞愧难当，真想掘地三尺时光倒流，删除所有人的记忆。

可事实上，连你自己都不记得那刻如此难过或是激动的心情由何而来，别人更加不会记得。

偶然翻翻朋友圈，我已经有太多状态设置成了“仅自己可见”。

当我们终于做到中学时代渴望着的那个“喜怒不形于色”的人时，才发现独自一人消化所有心情是多么空洞、寂寥。

想说的太多，却通通难以言说。但很多时候，“仅自己可见”又是一个神奇的存在。在嘈杂的人情世故中，难得有属于自己的一刻，独享时光的静谧，不被世事牵绊，只做当下想做的事。

这件事仅属于我，跟分享无关，跟铭记有关；跟秀、晒、炫无关，跟怀念有关。

我“上锁”的朋友圈里，大都是我和宝先生的合照，我们一起喝咖啡、吃冰激凌，第一次打着赌谁吃那碗巨多的沙冰，又一次默契无比，嗨到极点的聊天截图，我们视频时做的鬼脸，那么多只属于我们两个人，无从分享也不需要分享的照片。

我“上锁”的心情里更多的是自勉和反省，看到父母从年轻到两鬓斑白时暗自发的誓，记录他们从别人口中听到坐飞机的体验时眼神发亮的决心，和清晨朦胧之际，两个人拌嘴的场景。

有些心情，仅自己可见，就已经足够美好了。

- 02 -

有人说，发朋友圈越少的人就越成熟。

我说，发朋友圈越多的人就越寂寞。

因为只有当思念的那个人无法陪在身边时，才会完全沉浸在网络的虚拟世界，渴望用发朋友圈的方式抒发心情，与无数个可能看到此心情的人分享当下的情绪。

这是一种情绪的宣泄，渴望的是精神共鸣。

成熟和寂寞，都是成年人的把戏，却是最忠诚的瞬间。无论是历经伤痛后无奈的成熟，还是看透了周围的热闹却倍感孤独的寂寞，至少在记录此刻心情的时候，你是完全浮于尘世，忠于自己的。

有的人在朋友圈里很热闹，恨不能分享自己的每时每刻，却在生活中少言寡语；有的人在朋友圈里很安静，默默点赞和评论，却在生活中很开朗。

这不是矛盾的存在，也不是性格的骤变，只不过我们都是惧怕孤独的个体，当我们无法很好地融入现实生活，那就要通过其他途径，融入这个更宽容、更自由的网络世界。

我们几乎很难在当今社会中找到属于自己的位置，每个人都在紧绷和赶时间中奔走，与自己对话和独立思考的时间却寥寥无几。

我们一直想要与自己握手言和，接受这些仅自己可见的状态和心情，不就是更好享受生活的开始吗？

- 03 -

每一种生活方式都存在风险，每一条朋友圈都存在歧义。

没有人会对你的处境感同身受，有些有感而发在别人眼中变成了矫揉造作，有些情之所至在别人眼中变成了感性爆棚。

我们很难判断在朋友眼中，我们究竟是怎样的人。就像我们一直认为他是我最好的朋友，可在他眼中，其实你的存在真的无所谓。

如果某一刻的心情不得不发，愤怒必须表达，誓言要暗自许下，感动要铭记于心，却又不想沦为他人的茶余，那就设置一条“仅自己可见”，痛快地释放，发泄完了就痛快去忘，豁然开朗。

每个人都要有自己的小秘密，在整个隐私泄露、谣言满天飞的世界里，我们需要一个单独的空间，记录不长不短的心情，记住某年某日某个瞬间，你某句蜜语甜言，我的某句不敢相信，你笑得有多傻，我却陷得有多深。

再次翻阅朋友圈，读到那条令人面红耳赤的心情，删了觉得可惜，不删又难为情，那就设置为“仅自己可见”吧。

过去的心情没有一刻不是傻×，现在的心情在未来也不见得多么精明。

可没有那么多傻×的过去，又哪来无数个开朗的明天呢？

过去的喜极而泣在现在看来可能并不那么值得珍惜，曾经的焦虑与迷茫也会在一步步脚踏实地中土崩瓦解。

幻想了无数次未来的场景，真到实现的那一刻，可能没有了幻想时的激动和兴奋，取而代之的是异常的平静与淡然。

试着在朋友圈少一些“仅自己可见”，在生活中多一些“仅自己可见”。适当与社会脱节，享受一个人的慢时光，不匆忙不攀附，不咬牙坚持不慌张，从容惬意，不想未来，不纠结过去。

“仅自己可见”，仅供自己独享。

没有公开不了的恋情，只有不想公开的人

- 01 -

2016 年 12 月 6 日，12:06，罗晋在微博向全世界高调公开他与唐嫣的恋情，随即唐嫣转发，并附文“缘来是你”，在亿万人的祝福下狠狠地秀了一把恩爱。

最近被身边无数个朋友推荐《锦绣未央》，看哭了这么多次，这一次竟然忍不住哭着笑出了声：未央历经重重困难，终于与拓跋浚厮守终生了！

从《乱世佳人》《X 女特工》再到《克拉恋人》，还有如今的《锦绣未央》，罗晋和唐嫣可能从相逢的一瞬间就已注定，在走过了无数的平行线后，从某一个瞬间就开始产生无数交集。

“细节成就爱情”，看一个人是否真的爱了，其实从蛛丝马迹当中，就能真真切切感受得到。

唐嫣和罗晋在新片拍摄现场默默牵手，甜蜜度爆表。他们穿情侣鞋的照片也被眼尖的网友发现了。一旦这个人真的爱上了，是无法轻易隐

瞒的。

喜欢罗晋的原因太多，明明可以靠颜值，偏偏要靠才华；明明可以靠才华，偏偏又幽默过人；明明可以冠冕堂皇以事业上升期为名隐瞒恋情，偏偏敢于在全世界面前公开秀恩爱。

查看他的微博，除了事业，就是父母朋友，再然后就是唐嫣、唐嫣、唐嫣……

朋友很是激动，慌乱之中看着罗晋和唐嫣儿童时期在一起的照片问我，这是小时候就认识的节奏？

照片是P的。正是这张照片，才让我们看到一个细腻温柔的罗晋，让我们看到了一个走了心，真爱了的罗晋。

真爱上一个人，才愿意去了解她的一切，才遗憾没能参与她的童年，也承诺绝不会错过她今后的人生。

- 02 -

我经常会收到各种各样的感情咨询，大多数问题是：我要怎么才能放下他？怎么才能不想他？

我想，今天唐嫣就告诉了我们方法：你不失败一次，怎么知道下一个他是有多么美好呢？

从唐嫣的眼神，我们可以看出，她这次真是爱到甜蜜了。

或许在获得真正的爱情之前，我们总会遇到一些我们认为的“非他不可”和“刻骨铭心”。

我们总是难以走出这种失落和苦痛，但真正走过之后才发现，感激那段傻极了的坚持和如此坚强的自己，如果不挺过那段时光，怎么才能知道，下一个人才是真正的“Mr. Right”（对的人），爱情不全是受尽委屈，竟也可以如此美妙？

- 03 -

昨晚朋友留言："看了那么多失败的爱情，我不想结婚了。"

我答道："或许你还没碰到那个人吧。"碰到那个，"我从没想过结婚，但跟你在一起了，就好想和你有个家"的人。

前段时间，有朋友问我："你说那些上着学结婚的人，是怎么想的？我真的理解不了，不怕别人的眼光吗？为什么不能再等一等呢？"

我回答："或许没那么复杂，想结就结了。"其实爱情就是自己的事啊，无关风月，无关他人。

朋友接着问："如果换作你，你会在上学期间结婚吗？"

我笑笑："当然了。如果想，我明天就可以嫁给他啊！"

一切的婚前恐惧和没想好要不要在一起，都是源于你没碰到那个对的人。

李小冉与鄢颇恋爱 7 年，却与徐佳宁幸福闪婚；刘涛和王珂参加活动在一个电梯里邂逅，认识 20 天后便决定结婚，至今仍是娱乐圈的模范夫妻；大 S 和汪小菲见面 4 次就订婚了，很确定、很开心，天造地设。

就像是罗晋和唐嫣，在罗晋的事业上升期，在唐嫣经历了那么多外界的质疑后，他们选择公开，大胆向全世界宣告：我们相爱了！

这就是他们爱的方式，爱情是我们的，其他的一切都不在乎。

有一句话说得好：遇到不敢公开的恋爱，就趁早分手吧！

那些被对方藏在手机里，不敢带进朋友圈和生活中的恋情，能赶早结束就别赶晚；那些没信心得到父母的祝福，却浑浑噩噩不舍得努力的人，或许分手才是对他未来最大的祝福；那些一边对对方说不离不弃，一边却在备胎的世界里止步不前的人，别幻想着对方转过头来突然爱上你，然后一发不可收拾，最后厮守终身了！

连千万粉丝的唐嫣和罗晋都敢高调示爱，作为一个普通人，在他的眼里，你到底有什么见不得人的，他甚至不愿意公开这段恋情，公开你这个人呢？

我们始终相信，真爱可能就在下个路口，爱过个把人渣，才能真正体会真爱的滋味究竟是什么。

没有公开不了的恋情，只有不想公开的人！让我们祝福这对才子佳人，就像微博下面成千上万的评论一样，永浴爱河，永远幸福。

99% 的人都是爱而不得

- 01 -

突然接到阿枭的婚礼邀请函。

新郎却不是骢哥，有些意外，有些感慨。

匆匆忙忙参加婚礼，看着舞台上阿枭和新郎时而笑得甜蜜，时而泪光闪烁，真替她开心。

这还是一年前那个几乎对真爱绝望的阿枭吗？

“真的，我都怀疑自己这辈子只会凑合嫁给合适了。”

于是，相亲的次数越多，心中那只满满的气球就会泄一点气，随着年龄的增长变得越来越干瘪无力，苟延残喘。

或许，在阿枭心里，爱情早已经成为有钱都买不到的稀有物品。

爱情是其他人的游戏，而自己只是屈服于现实无力改变的沉默的大多数。

不管愿不愿意，她已然成为曾经的自己口中那个大龄未婚的可怜兮兮的濒临剩女边缘的毫无未来的悲哀模样了。

可能正是因为几年来不顺利的情感经历，才让今天这一幕显得格外动人吧。

阿枭最终还是没有低头就范，糊里糊涂地选择了凑合嫁人，尽管她确实有无数次这样的机会。她在家庭、社会和自我挣扎中依然坚挺，最终走上了幸福的殿堂。

你在绝望的时候，怎么知道那个对的他，不也是在绝望之中呢？

或许，很多感情就是要经历足够漫长的等待和磨心，才有资格拥有爱情最美好的模样。

- 02 -

阿枭就是无数平凡的女孩中的一个。

上课认真听讲、听父母的话、不滥交、不惹事，工作之前连啤酒是什么味道都不知道。

可阿枭发现，越是把感情当作信仰，不玩弄手段、真心待人、敢于付出不计较回报，就越是难以获得真爱。直到她遇见骢哥，才猛然发觉，矜持了这么多年，原来就是在等这个男人。

骢哥的出现，就像是无穷黑夜里瞬间燃爆的烟花，无比绚烂、激情。

于是，她满心欢喜地付出，沉浸在无边际的甜蜜幻想中。从不经意间触碰的眼神到骢哥体贴入微的每一个小动作，都能让阿枭兴奋得难以入眠。

骢哥满足了她对于爱情的全部幻想，阿枭蓄势待发，积蓄了二十几年的热情和决心，一股脑儿涌出。

可是没有感情能够健全地建立在完全不对等的付出与回报当中，任何美好的情感都是处于相互关照和有来有往当中。

骢哥和阿枭不同，他谈过几段恋爱，很难再次激起初恋般的热情与悸动，他追求的平凡与真挚显然无法与阿枭的激情恋爱初体验产生共振。

当热情和付出无法有效地传递和消化，一段感情就容易出现问题。

一头过热，得不到及时降温，就容易摩擦起火；一头过冷，却不主动吸收热能，就极易冰冷断裂。

接收不到同等信号的阿枭，显然心灰意懒。

频率不同，爱就越发力不从心。

- 03 -

可是和一个人相遇，本身就是概率极低的事情啊！

我们身处完全不同的生长环境、遇到完全不同的人、拥有完全不同的人生经历，却在某段人生经历中意外地相遇，甚至相爱，永远在一起。

我们选择和谁在一起，不是要消除差异，把对方改造得能跟自己无缝对接，而是要完全接受彼此的过去，不仅仅接受那些单纯发生的事件，更要接受那些经历对这个人产生了怎样的影响，改变了他怎样的人生态度。

接受他已经有过几段恋情的事实，接受他再也不可能像自己一样保持着对于恋爱的激情和幻想，全力以赴、粉身碎骨。

可是，双方在一起的无尽岁月中，随着共同经历和互相体谅，也会互相影响和改变，变得更加适合彼此的存在，更加契合。

当然，如果在此过程中不能够顺利过关，可能会面临分道扬镳的危机。

在磨合的初期，即使足够懂事、善良，足够深爱到可以接受对方的一切，还是会不可抗拒地感到委屈和不公。

渴望及时行乐的人，注定无法和向往永恒的人在一起。

阿枭在渴望回报却不得的过程中越来越累，骢哥也在阿枭莫名其妙的冷淡和吵架中越来越疲惫。最后，不得不含着眼泪互相告别，太爱你，所以真的没办法在一起。

本来郎才女貌、天作之合的一对，在人生的某个交叉口相遇，却因为不同的经历不得不彼此放弃。

爱情，永远不会是两个人在一起的决定性因素。

- 04 -

有人说世界哪有什么真爱，只不过是搭伙过日子。

看来并不是。

很多爱情过早地夭折，只不过是在错的时间，遇到了对的人，错位的人生经历造就了差异的感情观。

人在一生中遇到异性的数量是有限的。在有限的数量中遇到年龄相若、趣味相投、价值观相同的人的概率，更低。

在一段感情开始的时候，就不顾一切地想要结果，是毫无根据甚至是痴心妄想的。初尝恋爱，就能够永远在一起的，在一百个人当中大概只有 1% 的成功概率。99% 的人，都是爱而不得。

感情本身就是一场豪赌，没有几个人可以在首次对弈中就雀跃收场。我们能做的，就是珍惜每一个当下，享受它在每一个阶段带来不同的人生体验，或许那些无数个美好的瞬间会拼凑成一整段完整的美好。

我们很难精准计算遇到真爱的概率会是多少，但总有一段真挚的感情会在我们即将投降或放弃追寻的时候，闪着光芒降临。

永远不要放弃信念，才会珍惜每一次遇到爱情的机遇，才有机会把每一次可能变成肯定。或许吧，我们很难成为那个幸运的 1%，很难得到丘比特的眷顾和爱宠。但世界上总有一些人，是命中注定会彼此相遇的。

尽管我们是世界上所有人的 1%，但只要是彼此唯一的 100%，就够了。

亲爱的，你的喜帖是我的请帖

- 01 -

收到一条群发消息，点开一看，是一张喜帖。

曼妙的音乐和浪漫的布拉格，新郎和新娘幸福相拥，看着他的眼睛，我确定他找到真爱了。

左岸终于要结婚了。

他爱的眼神，我看过三年，也包揽了三年。恍然间，那些美好的回忆和甜蜜的嗔怪浮现在眼前。

我从来不看天气预报，冷暖不知，总在雨天穿裙子，每当我冷得瑟瑟发抖的时候，左岸就会出现，一边丢过来自己的外套，一边用眼神教训着我。

可能就是从那一刻起，我便爱上了他。更准确地说，是爱上他看我的眼神，那么温暖、那样清澈。

逛街的时候，他从来不会让我拎包，可却拗不过我的执着，我想解放他的左手，好享受牵手的甜蜜。

他有点小洁癖，可偏偏跟我合用一根吸管，同吃一个冰激凌，喝汤时共用一把勺子。

只不过这些简单的幸福随着时间和地点的转移慢慢变淡了。

在一起的第三年，由于工作调动问题，他离开了我们的城市，开始了独自在外的生活。除了打电话和 QQ 聊天，我们几乎没什么机会见面。

渐渐地，他很难理解我的生活，也选择性地跟我聊天。不开心的时候，他就沉默，不跟我发泄也很难迎合着我开心地聊天。我在电话这头急得跳脚，难过到爆炸，为什么他就是不肯第一时间跟我分享他的情绪呢？

直到有一天，我们默契到不再主动联系对方，慢慢淡出了彼此的生活。

可能感情就是这样吧，随着距离的拉长，可聊的话题会逐渐缩水。

- 02 -

2016 年 11 月 8 日。

我从微信里跳脱，坐在电脑桌前，打开文档，想记录下这一刻的心情，却删改了无数次，怎么也写不下第一段话。

千言万语有时会变成一时无语。百感交集有时会沦为呆若木鸡。

我告诉朋友，左岸要结婚了，惧怕的这天终于还是到了。

他的喜帖竟是我的请帖。

我不知道应该参加他的婚礼，亲眼见证他人生中最幸福的时刻；还是应该规规矩矩地转个红包，代表我祝福的心意；或者干脆视而不见，假装不知道他就要成为人夫，开启全新的人生征程。

朋友发来一个“抱抱”的表情，她知道，再多的安慰也不如一个可以任我放肆哭的怀抱。

我不是还爱着他，毕竟木已成舟，往事已悠悠。

只是忍不住还会去想，如果当初我们不那么任性，是不是今天会是完全不同的局面？我们有没有可能还是彼此的唯一？

看着他宠溺的眼神，忍不住想起那些美好的瞬间，分开那么久，我却清楚地记得他手掌的温度和责骂时温柔的眼神。

他急得大喊：“下次再不记得穿外套，冻死了我也不会管你！”

“喂，你就非得跟我合用一根吸管吗？”

“你真脏啊，怎么洗完手非得往我衣服上擦？”

“……我真的很想你，真的……我想辞职，我回去找你好不好……”

我真想说“好啊”，但我真的不能，为了两个人的未来，让他一个人牺牲前途。

只不过，他凝视的人，已经不再是我。

- 03 -

我还是发了个红包给他。

故作轻松地留言：嫂子真善良，在为民除害的事业上完成得很彻底嘛！祝新婚快乐，早生贵子哟！

可又有谁知道，这条祝福已被我改过三十几个版本。

手机振动，吓得我差点儿跳起来，是他的回复：谢谢。

我盯着这两个字，看了好久，越来越觉得有一堵无形的巨墙横亘在我们之间，恍然间发现，原来我们真的时过境迁。

某日，我们变成了彼此的过去式，是对方的休止符。来年陌生的，是往日最亲的某某。他也从置顶聊天和星标朋友，躺进了“不看他的朋友圈”。

我盯着对话框，不经意间发现，对话显示“对方正在输入”，我突然有点慌乱，不知道自己在期待什么，甚至希望他像从前一样，问我有没有按时吃饭，问我是否记得多加件外套。

可是过了好久，手机再也没有振动，“对方正在输入”也变成了备注“我的天气预报”。

可能，我的天气预报，永远也不会是我的了。我把“我的”二字删去，只留下了“天气预报”。

分手这件事概率很高，跟中不了彩票的概率基本持平。曾经臂弯里的亲爱的，总有一天会为别的男人穿上婚纱，在面纱下低头浅笑，跳起那支我们曾幻想了无数次的华尔兹。

最伟大的爱情是成全，就像最完满的爱情不等于占有。

最熟悉的陌生人，就要送上最真挚却保持着最安全距离的祝福。

我愿做你在灯火阑珊时的无名观众，也愿做你功成身退时的故里。

爱情是迷魂药，我们却甘愿上套

- 01 -

一大早跟朋友争论起宝强的离婚事件。

他认为宝强并不可怜，而立之年的男人，对人应该有基本的判断，不会事到临头才发现妻子的人品竟是如此不堪。

我想，大概就是因为他是王宝强吧。

他早已把她当作了自己的家人，不然也不会把公司总裁的位置双手奉上，自己奔波打工，让老婆孩子在家享受天伦之乐。

说他“傻”，他肯定是“傻”。但在爱情里谁又不是盲目的？阻挡窗外的风风雨雨都让人疲惫不堪，谁还有能量回家做福尔摩斯，侦查自己的枕边人？宝强这种传统家庭观念极强的人，本来就因为工作繁忙心怀愧疚，疼爱都还嫌时间不够，动脑子怀疑自家媳妇儿，他做不出。

他也错了，他爱错了人，但我觉得爱错了人，根本都不能算是一个错误啊！

现实中，我们又何尝不是如此呢？

- 02 -

我们都曾在爱情中扮演过瞎子、聋子和傻子。

小芊是我的读者，她跟男友是高中同学，甜蜜和幸福一直是这段爱情的主旋律，然而美妙的校园爱情到了后半段就慢慢出现了插曲。

大学分隔两地，小芊跟男友见面不多，但基于高中三年的感情，自认为跟男友情比金坚，对于他平时爱玩游戏、爱喝酒也就多了一份宽容。上学期间，除了读书、打工，就是等待男友的看望，大学生活也算丰富充实。

但她怎么也想不到男友会出轨。在一次争吵之后，她本以为还跟以前一样，冷战几天，握手言和。哪承想男友竟单方面直接提出分手，连个缓冲都没有，直接跟女网友情话绵绵。小芊知道之后心痛极了，可明明是她在盛怒之下说了分手，男生抓住这二字不放，哪里还讲什么情谊。

之后的日子可以想象，女孩死也不会想到男生这么快就移情别恋，难过得整日以泪洗面，吃饭、喝水这些正常的活动几乎都无法继续，最后她只能跑过去问个究竟。

男生看到女孩的一瞬间突然想起来曾经的种种美好。网络世界毕竟是虚拟的，跟一个看不见、摸不到的人相比，小芊的泪眼更加震撼，六年的感情不是虚情假意，男生的心也不是铁打的。虽然双方都痛苦不已，但最终还是选择了复合。

小芊从一个黏着男友、不懂人情世故的小女生一夜长大。她对男友的事绝口不提，每天想方设法制造快乐的气氛。一方面是想修复二人的感情，另一方面她真的想让自己快些走出笼罩的阴霾。

破镜重圆固然是美事一桩，但玻璃裂痕却也触目惊心。不去触碰还好，一旦伸手触摸，难免有被碎屑划伤流血的危险。

- 03 -

小芊自认为自己的“懂事”从心理上已经给了男友强力一击，即使抱着歉疚的态度，他都不会再对她不起了。

然而出轨就像吸食毒品，当你坚守多年的意志，终于突破这层防线的时候，忍不住会一陷再陷，一旦被摄取了心魄，只能任这种意识宰割。

当小芊再次发现男友还跟网友藕断丝连的时候，痛得恨不得咬舌自尽。他不是不联系了，只是学会了删除聊天记录；不是改邪归正了，只是会用小号了。

争吵像颗定时炸弹，再次引爆了。

男生狠狠地说，他真的不会再联系了。小芊泣不成声，恨自己的懦弱，只相信自己想相信的，在爱情里早已丧失了基本的判断能力。

这次争吵依然不了了之，两个人又相处了一段时间。小芊努力想修复这段断壁残垣，却发现在这段感情里，她自己的心也早已残缺不全。

曾经的小芊活泼开朗、积极乐观，如今却变得多疑、神经质，很难去相信别人，尤其是男友的话。除了在查手机上变得更加勤奋，她也学会了跟踪、微表情和试探。

这一切让她痛苦不堪，也让男友喘不过气，最终，男友还是提出了分手。

- 04 -

有人说，失恋，是一个女生最快速的成长方式。我说，这未免有些残酷了吧。

我们都曾在爱情里享受过甜蜜，无关风月却香浓更甚。我们也难免在爱情里被无情伤害，无形的刀光往往比真枪实弹更具有毁灭性。

友情靠后，亲情等候，在爱情里我们都变成了唯爱至上的虔诚教徒。

都说恋爱中的女人智商为零，沉迷爱情中，常常自带光环，渴望昭告天下的幸福溢于言表，也难免不小心跌入盲目的深渊。爱情蒙蔽了我们的双眼，甚至阻止我们理性思考，客观冷静地对待这段感情。

被针扎过，方知十指连心痛。下一次，我们可不可以，不等痛了才肯放手。感性但更理性地活在爱情中，而不是在幻想的城堡中奋不顾身地横冲直撞。

我们约好，不做爱情中的瞎子、聋子和傻子。

我愿意跟你，你愿意戒烟吗

- 01 -

如果我爱上的男人爱极了抽烟，我该怎么办？

我会强忍，还是会要求他戒烟？为了我们的未来，他会主动戒烟吗？

我想象过无数次的问题出现在了朋友叶子身上。她出生书香世家，父母都是大学教授，从小对她管教极其严厉，养成了她如今爱憎分明的性格。

出乎所有人的意料，她偏偏爱上了“浪子”大深。说大深是浪子似乎有些言过其实，毕竟他也是全国一流大学毕业的高才生。他头脑聪明，只不过行为放荡不羁，给人的第一印象常常就是“浪子”。

总结大深的性格，就是看似什么都不在乎，实则比谁都靠谱；看似放浪形骸，实则五好青年。不然怎么会令深居闺房的叶子青眼有加呢？

大深是朋友圈里神一般的存在。

我们只知他抽烟喝酒比谁都狂热，却没想到他随便出个差，就能谈下来上千万的生意；我们只知他打游戏打到废寝忘食，硬生生地把胃给饿坏，却没想到他竟然出现在电子竞技的职业选手队伍，作为我国电玩玩家的代表跟整个世界对抗。

让我们震惊的是，叶子，亭亭玉立的女神，竟然也耳濡目染，学会了网游。

我们感慨这个世界太疯癫，却没叶子看得穿。看叶子玩网游，就像是小龙女在键盘上飞舞，仙女怎么能坠入凡尘呢？

思前想后，能让叶子改变的人，似乎也非大深莫属了。

爱一个人，就会情不自禁地想了解他的世界，看他所看，想他所想。

- 02 -

叶子和大深，实在不能算是匹配度极高的情侣。

怎么形容两人的结合呢？就像是叶子拯救了一个无家可归的大男孩，给他依靠，供他温饱。可实际上，在两人的关系当中，恰恰是大深带给了叶子更深刻的影响。

从不出入酒吧的叶子，会饶有兴致地欣赏炫目的调酒表演；从来只按套路出牌的叶子，也会连夜出现在陌生的城市，只为给大深一个惊喜。

两人的感情稳定发展，每次谈及结婚，叶子总会眨眨晶莹的双眸，认真地说："如果他今天娶我，我肯定今天就嫁给他。"

大深则狡黠地一笑，不置可否。可看得出，他早就沦陷在叶子的眼眸中无法自拔了。

两人的热络令人羡慕，但叶子的父母能否接受大深的不羁，我们暗自捏了一把汗。

西装革履，乱蓬蓬的就像大深本人那样不听话的乱发，也服服帖帖地背在脑后。轮廓分明的五官和凌厉的目光，大深果然一表人才。

如果不是习惯性的抽烟动作败露，大深绝对顺利过关，分分钟成为叶子家的乘龙快婿。

送走大深，叶子父母只有一句话：如果不戒烟戒酒，趁早分手！

喜欢了大深那么久，就连他的小缺点也会自动屏蔽。大深从不在叶子面前吸烟，但却也逃不过叶子灵敏的鼻子和紧蹙的眉头。曾经憎恨烟雾缭绕的叶子，如果不是在父母的提醒下，早就忘记了这男人身上还有她曾最深恶痛绝的样子。

叶子思前想后，父母的话其实也代表了自己的想法。这件事最好直言不讳，第二天叶子就直截了当地问大深。

我愿意跟你，你愿意戒烟吗？

- 03 -

直到今天，这个问题仍然令我费解。为什么有人会觉得抽烟的动作很性感？

如果说吞云吐雾有一丝的性感，就只有敬佩他拿生命在创造性感这件事本身了。

抽烟，抽进去的是癌细胞，吐出来的是生命线。

实在不懂，世上竟然会有这么多人选择这么一个不经济且伤害身体的办法去解压，去排遣无聊、打发时光。

吸二手烟等同于过滤嘴，危害远远大于直接吸烟。叶子父母就是看到了这点，怕叶子和未来的孩子笼罩在二手烟的攻击下，几十年如一日，潜移默化地替大深承担吸烟的恶果，才果断放了狠话。

试想，如果两个人连呼吸都无法共享，那生活还有什么意思？

如果亲吻妻子和孩子的每一个吻都带着浓烈的烟熏味，随着亲吻的热烈烟味便更加呛人。美好的法式深吻，难免沦为噩梦一场。

我跟叶子一样，出生在无烟的家庭，有时候出行深感巨大的困扰。一闻烟味就头痛欲裂的我，常常因为无缘无故忍受二手烟，破坏了一整天的心情。试想一下，如果未来我要生活在一个充斥着二手烟的家庭，那种厌恶感立刻油然而生。

我相信很多人跟我想过一样的问题，如果我愿意跟你结婚，你愿意为我戒烟吗？

说到底，你愿意为我放弃某些事情吗？

- 04 -

上个月，叶子和大深举行了花园婚礼，圣洁美丽。

整个婚礼充斥着鸟语花香，空气中跳跃着清新和浪漫。每个人都笑脸相迎，叶子的父母对大深赞许有加。

是的，在叶子提出问题的那天，大深就把香烟和打火机一并处理掉了。

在大深的心里，烟不是最大的瘾。叶子，才是他此生最难以戒掉的瘾。

人生有很多事情需要抉择，小到谁愿意主动为对方挤牙膏，大到是否愿意放弃自己的工作去到对方所在的城市。每个人都或多或少有着安土重迁的心情，没有人与生俱来就该为谁退让。

生活就是这样，无论你在外如何呼风唤雨，拥有多么崇高的社会地位，总有一天，你会心甘情愿地为一个人去卸掉铠甲和武装，变得柔软细腻，细致入微。

你愿意为我改变某些习惯吗？你是否愿意为了我，在某些我无法忍受的事情上做一些牺牲？

与其说是不计其数的选择，不如说是主动为双方的未来做出妥协。

美好的生活始终伴随着宽容和退让，针尖对麦芒的感情难以到达幸福的彼岸。

牧师朗声问道：“你是否愿意娶她为妻？”

“我愿意。”新郎的声音真挚而有力。

“Yes, I do.”（我愿意。）我不仅愿意娶你，我愿意为你，我什么都愿意，为你。

我不要什么七夕，我只要你

- 01　情人节，我恨你 -

情人节，曾是我最深恶痛绝的节日。

不是因为我单身，就小肚鸡肠见不得别人幸福，恰恰是因为我有男朋友，才会在“虐狗节”里把自己保护得更彻底，也不敢露出一点尾巴。

这些年我总结了无数方法，独自对抗“花式秀恩爱节”。

不刷微博和朋友圈是基本，淘宝和各种购物平台也果断谢绝，铺天盖地的情人节打折促销斩断了我逛街的冲动。仿佛全世界都在无时无刻地戳着你的鼻尖，恶狠狠地提醒你：你的男朋友没有给你送礼物，甚至连一句最基本的“情人节快乐”都没有跟你说。

宝先生是典型的“不浪漫综合征”。如果这种病有药可医，我宁愿倾家荡产，也要让他痊愈。

我害怕自己会伤心难过，就选择了一种最懦弱的方法——逃避。我关掉网络，足不出户，躲到没有情人节的地方——金庸大师的小说里，看看那里的至死不渝和天荒地老。

可能是因为期待愈深，所以失望愈浓吧。安安静静地躲了一天，蜷缩在被窝儿里，还是忍不住点开了朋友圈，看看身边的朋友收获了怎样的幸福。然后真心地为每一位朋友点赞，不能亲自参与朋友的幸福，至少要做到锦上添花吧！

渐渐地，我免疫了，每逢情人节，便积攒充足的体力，直面冰冷的“狗粮”。

-02　浪漫，能不能别只活在我的耳朵里、别人的日子里-

前段时间跟朋友谈论彼此的爱情，她跟我讲述了男朋友堪比F1选手的超强撩妹技能。

先是不经意地、毫无目的地提出约会，直到朋友目瞪口呆地看到铺满车子的999朵玫瑰，紧接着就是在山顶绽放的璀璨烟火。任何人面对这种狂轰滥炸，很难不感动得热泪盈眶吧。在这个世界上有一个人肯这样为你大费周章，你又如何能不为之动容？

一番强势攻击后，男孩直奔职场，就好像什么都没发生似的消失了好几天。

女生在家里小鹿乱撞，最终还是没忍住：“这样做是什么意思？”

男生反问：“我什么意思，你还不知道吗？”

这种以问代答的方法，真的是聪明到了极点。面对这么霸气的浪漫猛烈攻势，任女生如何高冷也会感动不已吧。如今两人生活得安稳幸福，每每提起这件事，总会情不自禁地沉浸在美妙的回忆当中。

她问我：“你们有没有什么浪漫的事呢？”

我苦思冥想，搜肠刮肚，仍旧一无所获，哪怕一件也好，也可以让我在回忆往昔的时候侃侃而谈。我并不是想要攀比，我只想让我们的爱情更加完美，更有记忆感，而不是白驹过隙，了无痕迹。

我渴望以文字的形式记录下我们的平淡无奇，最好有那么一两件可以动人心弦，或是回味无穷。当膝下儿女成群的时候，我可以戳着你的后脑勺儿，得意地说：“这老头年轻的时候，也浪漫得可以呢！”

-03　我要天长地久的平凡爱情，也要感时花溅泪的浪漫惊喜-

不是我要得多，而是你给得少。我不敢贸然说爱情是不会永恒的，但我始终认为在爱情的后期会增添不可替代的亲情。我们潜意识里认为，亲情就是柴米油盐、家长里短，自然而然地忽视了对方是你的情人，忘记了自己在爱情里该扮演什么样的角色。

惊喜是爱情的保鲜剂，是生活的强心针。如果日子是波澜不惊，那么爱情便是激流勇进。当激情不再，海啸退去，我们是否就该甘于平静？可否随手捡起一块小石头，激起层层浪，让枕边人也感动一次？

不知道他是真的不浪漫，还是从不把我放心上。每位被迫不过情人节的女孩恐怕心里都会打个问号：如果对方不是我，你还会对情人节选择性失忆吗？

我们的爱情在你心里是否独一无二？如果是的，你要怎么证明呢？全依仗着牵手逛大排档，卖菜时候跟老板杀杀价？再不然就是吐槽明星八卦，看看电视里别人的烟火和鲜花？我要天长地久的平凡爱情，但也要感时花溅泪的浪漫惊喜。

我要的不是举世无双的浪漫，我要的只是灵魂深处的记忆点啊！就是因为太爱了，所以我竭尽全力去创造回忆，即使不在身边，想起对方就会嘴角上扬，而不是一片空白。在等待重逢的漫长岁月中，调浓思念，编织感情。那些记忆点就是支撑我们走完下半生的动力啊！

期待对方的感动落泪，是我苦心孤诣的全部意义。让对方快乐，是每对热恋情侣都渴望做的事吧。我们也在渐渐改变自己，从原来的保守、传统、含蓄到敢于表达自己的情感，变得更加主动、开放。从古时的媒妁之言，到今天的勇敢追寻真爱，我们做出了里程碑式的转变。

我愿以爱情的名义努力学习浪漫。浪漫是会让人上瘾的，当第一次开启对方闪亮的感动泪光之后，这种美妙会在两人的心中余音袅袅，荡气回肠。付出者收获的感动与欣慰往往会超出预期，或许更甚于接受者。

不妨就趁着今天放手一搏，拥抱着天长地久的平凡爱情，也点燃感时花溅泪的浪漫惊喜。

情人节，发个红包就是你想要的吗

- 01 -

又到了一年一度的花样虐狗大赛，果不其然，从早晨一睁眼开始，朋友圈就在秀各种恩爱。

后台有个姑娘留言，言语中气愤有加，几乎想象得到她嘟着嘴气得眼泪直落的画面。

“Nico 姐，男友连个‘5.20’红包都不给我发，我是不是应该跟他分手呢？”

我一怔，跟当年的自己一模一样，忍不住笑了，问她：“为什么这样说呢？”

她依然很气：“我又没跟他要520啊，怎么连个5.20都舍不得发呢？”

从姑娘的话中看得出，她并不想跟别人攀比，她想要的是他的心意和重视，并不真的在乎他发不发红包，发多大的红包。

我跟别人比到底差在哪里了，为什么别人随随便便可以得到的，我却连求都求不来？

男友口口声声说爱我，却连这点小事都无法为我做到，我真怀疑他是不是真的爱我。

换句话说，用几块钱换来我的开心快乐，这性价比难道不高吗？

女生都有着与生俱来的浪漫体质，尤其是在朋友圈、微博、淘宝，随意打开一个浏览器，铺天盖地都是情人节的浪漫气氛的时候，那些浪漫图案都像指着她的鼻子无情地嘲笑：你男朋友没有给你发红包……哈哈哈哈……

可因为自己本来就不太在乎的事情，在本可以开心快乐的节日里跟男友大吵一架，各自气鼓鼓地跟对方憋气，真的值得吗？

用红包来测试一个人是否真心真意地爱你，就准确吗？

- 02 -

红包，真的就是你想要的全部了吗？

早晨在朋友圈看到一张很有趣的截图，作家姐姐的老公发来一个转账，是6666。姐姐分分钟回转一个13145.21 。并附文：

讲真，情人节发红包这件事真的太没诚意了！

我们前赴后继纷纷效仿，不过那庞大的数字令我们望尘莫及，我们火速给男友转去520元，捧着手机等待回音。

过了几分钟，另一位姐姐愤恨地放出了截图，在她520元的转账下面，她老公转回了6.66元的红包。再看看我家那位，留下系统那个孤零零的“已收钱”，再没了下文。

姐姐可以下班回家收拾老公一顿。而我呢，只能苦苦等到周末，才能家法伺候了。

可我们会不会气到跟对方分手呢？应该不会。

很明显，周末才能见面，四天时间，再多的气愤也被更强烈的想念挤在看不见的角落了，在一起的时光那么有限，珍惜都来不及，哪还有时间浪费在这些虚无的事情上呢？

相处的时间越久，你会发现，当初恨不得在一起消磨所有的时光，随着岁月的转移，竟慢慢变成了渴望拥有自己的空间。似乎肯为对方花的时间越来越少，对于自由的诉求却愈加强烈。

世上最在意你的，是肯花时间陪你的人，谁的时间都有价值，把时间分给了你，就等于把自己的世界分给了你。

一个红包，两分钟的心意，真没必要被无限放大。

我们很难分辨出一个红包里藏着多少纯度的真心，就像猜不透不发红包的人是不是就真的不爱你。

- 03 -

自从情人节流行发红包后，想必有不少男士多少都有点渴望在情人节那天脱单。

宁愿当单身狗被虐，也不愿在轰炸到甚至有点烂俗的节日里，无辜躺枪。

不过，能被红包气到要分手的感情，在平时也一定受尽委屈。试想，多么不浪漫的恋爱，才会把所有的期盼都孤注一掷，全部压在了情人节这一天，满满的期待和强烈的渴望，才会有巨大的落差感，才会让满溢的等待化作泪珠，滴滴滚落。

任何一份能被别人铺天盖地的红包撼动的感情，都源于平时男生没有给女生足够的安全感吧。

如果对一份感情足够笃定，充满十足的信心，每一天都充满了希望和幸福，那在这个看似特殊的节日里，有没有那个走过场的红包，又有什么重要的呢？

情人节，我要的真不是红包，也不是贵重的礼物。我渴望的是陪伴，在这个空气都弥漫着香水味的日子里，你真的就这样出现在我面前，出其不意、眼波热烈，不需要华丽的辞藻，不需要极致的浪漫。

你来了，一切就都好了。你来了，什么都不再重要了。

讲真，能用陪伴解决的事，真别用红包草草收尾。能亲力亲为的感动，别让隔着屏幕的恩爱大打折扣。

- 04 -

在一段感情中，谁都没有火眼金睛去分辨孰对孰错。

判定一件事对与错的标准是截然不同的，我们为何不能因人而异呢？

说白了，这就是一个换位思考、替对方着想的事。

她认为红包这件事很重要，那发红包就是再正确无疑的事。高大上了一万次，为她庸俗一回又有何妨？

让她为这一个红包而闷闷不乐，你仍在坚持着所谓的原则，矛盾愈演愈烈，最终演变成两人的争吵，搞砸了本可以制造回忆和惊喜的机会。

如果情人节对她真的很重要，一年 364 天里，你大可以西装革履傲娇地品鉴茗茶，唯就这么一天，陪她落落俗套，品尝下尘世间的咖啡，发一发红包，感受一下凡人的快乐。

只要跟真爱的人在一起，天天都是情人节。但是给个机会，人家吃大餐的时候我也不怎么想啃干面包。

我不是没钱，但我还是想要你发的红包，大大方方秀那么一次恩爱。我不想羡慕别人万般宠爱，但也别让我连祈求都祈求不来。情人节发个红包，无论大小，通通有怡情之效。

但对于我这样的“老司机”来说，管他什么虐不虐狗，我早已练就铜头铁臂、金刚不坏之躯。我依然期待生活中充满无限惊喜，但即使没有惊喜，我也不会辜负每一次相遇的美好时光。

因为相遇这件事本身，真的比情人节浪漫太多了。

世界上哪有什么善意的谎言

- 01 -

在火车上颠簸的时候，总爱提前在手机上下载几个综艺节目，以排遣旅途的寂寞。

上次乘车，恰好看到一期爱情调解节目。刚一上台，情侣的气氛还算融洽，听得出互相付出、彼此恩爱，可听着听着，就完全变了味道。

两人属于半异地状态——分住一座城市的两个小县城，一脚油门儿就可以解双方的相思之苦。

女孩说，她工作时间比较充裕，自然就多了一些奔波，她去看男孩的机会比较多。

可事实上，藏不住的秘密就像是终究会透风的墙，男孩的不坦诚一次次挑战着女孩的底线。

女孩生病，两人的假期好不容易重合在一起，女孩渴望男孩的探望。于是，带着病买菜做饭、化妆打扮，整个人都期待得发光，烛光晚餐已然就绪，只等男孩的到来。可男孩一个电话，通知女孩他被领导临时发配出差，女孩一个人将整个屋子的浪漫收拾倒掉，郁郁地捧着手机养病。

事过不久，女孩还是嗅出了异样，男孩那晚根本就没去出差。女孩通过手机定位，发现男孩去了同城的另一栋公寓，一待就是一整晚！

男孩解释，几个朋友“围追堵截”要他去打麻将，他实在磨不开面子，又怕女友失望，只能冠上一个“出差的幌子”，仗着女孩的懂事，绝不会任性去影响他的工作，于是放心大胆地通宵打麻将。

看到这儿的时候，男孩刚上台时还算可爱的容貌，已经变得有些难以捉摸了。

不是所有的谎言都能用“善意”这个定语，就像所有的借口和理由都需要用善意来伪装。

- 02 -

男孩解释得理直气壮，无奈之下，女孩只能选择相信。可之后的事情，却让女孩更添了疑心病。

上一起“案件”还没查明真相，女孩便开始处处留心。

说巧不巧，她刚好就在男孩的电脑上发现了一组性感美女的照片，而女孩身下的那张软榻正是男友的床！

男孩振振有词，声称说了怕女友多想。是把房子借给朋友拍照，自己是好心，帮朋友省钱的。

到底是说了怕对方多想，还是被发现后想得更多？

果不其然，紧接着女孩发现男孩的朋友圈选择性地屏蔽了自己！或许就在她为下次见面购置新裙子的时候，或许就在她幻想男友比韩剧中的男主角还要美好的时候，或许就在她省下来一些零用钱为两人买了情侣睡衣的时候，她能想到男友正被酒吧辣妹勾肩搭背着痛快畅饮吗？

如果不是共同好友发来了照片，如果不是铁证如山，她是无论如何也不会相信的。

痛斥了男生这么多，我们本以为女孩要斩钉截铁地分手。谁承想，女孩恋恋不舍地说：除了这些他还是对我很好的。如果他能改掉这些毛病，我还是愿意跟他的。

可事实上，男孩甚至连一句道歉的话都没有。除了那句“我怕你多想”就再无其他。

“善意”的谎言使用频率过高，太过刻意，似乎早已变成了“恶意”的欺瞒。

- 03 -

可事实上，世界上哪有那么多善意的谎言？

如果别有用心的欺骗也能叫作“善意的谎言”，那么善良和伪善的界定到底应该在哪里？

给谎言加上“善意”的前缀，似乎不是这么个用法。不好意思，你说的谎言就是借口、就是欺瞒、就是心虚，请别玷污了“善意”二字。

“怕你多想”潜在意思就是“替你着想”。我这么为你考虑，怕你生气，你干吗那么小心眼儿，还揪着小辫子不放呢？

可事实上，到底是怕对方多想，还是一闭眼一咬牙干脆不说，落得个清闲，跟你犯得着费那么多口舌吗？我的家我做主，有必要管你高不高兴吗？

谈恋爱，谈的是爱，不是猜疑。两个人越是异地，就越要给对方足够的关怀和信任。一旦怀疑和裂痕乘虚而入，甚至占据了主导，那么一定会以毁灭长久以来苦心经营的一切美好作为结局。

如果你看着我的眼睛，都能轻易编织“事实”，无中生有，那背地里还有什么做不出的呢？

谎言一旦开始，就是一个无底洞。你把它说得再漂亮，总有一天还是会被揭穿，就像是梦境，再美妙的梦境，终究还是会破灭，事实被无情揭穿，真相赤裸裸地摆在眼前。

如果你一定要坚持信口雌黄，那就别怪我“无中生有”。

- 04 -

能被你欺骗的，一定是最信任你的人。因为无论你说什么，他们都会毫无保留地选择信任。信任你这个人，信任你的一切，毫无道理，也不需要理由。

一旦信任打开一个缺口，就再也无法完美愈合。就像是一张被折的白纸，无论如何抚平，还是会留下一道折痕。

我们往往会选择再试一次，可无形之中却采取了防御措施。如果这个欺骗与揭穿的过程被无数次重复，那这段感情终究还是难逃再见。

可这样的钩心斗角真的不是我们的目的啊，我们渴望的是爱情，想要的是婚姻，如果现在就开始破釜沉舟，那未来将岌岌可危。

没有哪段爱情能从谎言之中完好无损地爬出来，保留着最初的美好。如果谈个恋爱都要欺上瞒下，费尽心机，那未来的天长地久是不是该腰里别把枪，以备不时之需？现实中没有史密斯夫妇，即使有，也终会一拍两散。

脸上笑得将就，心里就绵里藏针。

越是想让对方信任，心里就更加发虚。等到你做的每件事、说的每句话都要打折的时候，爱情真的就不复存在了。

谎言就是谎言，别急着润色，别刻意洗白。谎言再美，终究是谎言，再有隐情，说到底还是隐瞒。

我们可以理解，但从不鼓励所谓善意的谎言，也从不期待感情中那些所谓的“为你好”。

如果你习惯了不坦诚的关系，那也请做好随时离开的准备。

我曾真爱你的好，但也永远记得你坦荡地说谎，真诚地把我当傻瓜。

或许再见，才能回到最初的简单。放手，才是最好的祝福。

最长情的告白是，我只守着你一辈子

-01-

朋友很无奈：现在的爱情好脆弱啊！

口口声声喊着“我爱你”，可表白被拒的日子还没超过两位数，就另觅新欢，花前月下了。

紧接着就是牵手、拥抱、亲吻以及负距离亲密接触，整个过程简直行云流水。

很难说，他是真的移情别恋，还是他口口声声的“我爱你”根本就是随便一说。

朋友没谈过恋爱，但转眼间也已经到了适婚年龄。虽说对于爱情的判断越来越精准，对于爱情的选择也越来越果断，但论实战仍是白纸一张，极其渴望一段有灵魂也有肉体的感情。

朋友没能接受对方的表白，并不是因为讨厌对方，只是真的感觉没到。仅仅为了想谈恋爱而贸然接受对方，无疑是不忠于自我，更是误导对方。

初心不纯，目的地也更容易偏航。

本来怀着一颗感恩和万分抱歉的心，小心翼翼地拒绝了对方，并表示想跟这样的好男生做朋友的决心，没想到摇着大旗喊了几个月的“我这辈子只爱你”的男生，就这样毫不犹豫地转头就走，并且迅速地又一次“爱上”，这次他不仅得到了灵魂，也轻易地品尝到了肉体。

如此赤裸裸和现实，让朋友无法接受，更一次次打击了她仍相信爱情的信心。

有些感情，真的可以收缩自如，毫不留恋地掉头就走。

- 02 -

什么样的感情才是最纯粹的呢？

阿非和七哥是发小，性别意识还比较模糊的两人，一直都称兄道弟。谁欺负七哥，阿非绝对第一个冲上去。谁骂阿非是胖妞，七哥也绝对是第一个冲上去。

直到某个暑期开学，七哥才猛然发现，原来他跟阿非根本不是同一种性别：阿非突然从可爱的小胖妞摇身一变成了亭亭玉立的少女。

虽然没有想象中的懵懂的爱情生根发芽，但七哥有意无意间，意识到在两个人的交往中，阿非应该属于被保护的那一个。

直到大学，阿非和七哥去往不同的城市，遇到新的朋友，他们才后知后觉，原来这么多年的形影不离，对方已经在自己心里深深刻上了烙印。

任其他异性再怎么优秀，心已经满了，没有任何可容纳的空间了。

七哥第一次到达阿非的城市已经快要午夜了。

也许是这份感情酝酿得太久，从萌发到被发现竟然用去十几年的时间，再加上几个月、几百公里的阻隔，挠得人想要抓狂。

于是无论结果如何，七哥都迫不及待地想要让对方知道，给这份从来都没人在意过的感情一次机会。

看着阿非还像曾经一样，在自己面前丝毫没有淑女的样子，不顾形象地为自己搬行李箱、整理衣物。

七哥脑袋嗡地一下，吻了上去。

阿非怔了，下一秒，她笑了。

阿非和七哥的关系，就这样简单明了，浮出水面了。

阿非和七哥熬过了漫长的异地恋，在各自的城市拼搏着，努力为双方创造更美好的未来。毕业后，阿非和七哥很快领证结婚了。

其实，感情是否纯粹，取决于双方的心是否清澈纯粹。

- 03 -

也许爱情本身就是这么简单吧。

不计较得失，没有技巧和战术，从不瞻前顾后，也不会有所保留。

或许是我们见到太多悲欢离合、尔虞我诈、权衡利弊，早就忘了人与人之间的感情其实就是这么干净纯粹。喜欢才在一起，真爱了才大声说爱，不因年龄到了不得不爱才勉强说爱，也不因空虚寂寞而随随便便互相消耗。

轰轰烈烈的感情不代表就要爱到死去活来。

敢与对方相守一生，才是爱情最激动人心、最值得赞颂的样子。毕竟——最长情的告白是，我只守着你一辈子。

如果确定对方就是自己想要一辈子走下去的人，就要有一生只爱一个人的决心。

不论是无人知晓放纵一夜的小小意外，还是短暂的出逃浅尝辄止不走心的鱼水之欢，都不再值得贪恋和冒险。

尽管你有可能不是最好的那个，但永远是最值得爱和珍惜的那个。

有人说，世上最奢侈的人，是肯花时间陪你的人。谁的时间都有价值，把时间分给了你，就等于把自己的世界分给了你。

真正爱你的人，才肯花时间陪你。

而真正值得你爱的人，永远都舍不得对你有一丝一毫的背叛和欺瞒，哪怕你们的关系未能明了，哪怕你们真的只停留于未完待续。

最浪漫的事，是和你一起慢慢变老。

最长情的告白是，我只守着你一辈子。

第二辑

有一种感情叫作食之无味，弃之可惜

爱错了人，要懂得放手

- 01 -

慕思发来消息说，我想再坚持一下。

但是很多事情的走向，不是取决于你坚不坚持。可好像除了再坚持一下，或者眼睁睁地看着这段感情消失，别的什么也做不了。

没有人会知道世界上曾经有这样一对恋人，刻骨铭心地爱过，就像不会有人在乎此时此刻，当全世界都酣然入睡的时候，你一个人在深夜里绝望地痛哭。

没有人想要用一段失败的结局，来证明曾经的相爱是错误的。

我们拼了命想要一个好结局，甚至不惜一切去妥协退让，就是不甘向所谓的命运低头，想证明自己不顾一切地爱一场，是值得被眷顾的。

慕思说，你知道吗？当我孤独到极点，忍受着思念的痛苦的时候，我甚至不知道他在干什么，是跟别的女生开心地聊天，还是在游戏里玩到兴奋，又或者是跟朋友大口喝酒、大口吃肉。

我问他，我们究竟多久联系一次，你才不会觉得我烦。当我听到他说

“一个星期”的时候，我真的崩溃了。

我知道我不该再自欺欺人，骗自己说他还爱我，骗自己他只是想要自由，他还是个孩子，贪玩。等他玩够了，就会回家。

有些人，一旦开始离开，就会越走越远，永远不会回来。

有时候，就连结束都不公平。

凭什么一个人哭到精神衰弱哭到失眠，另一个人却安然无恙，就像打了个喷嚏，一瞬间的晃神之后，继续快乐地奔跑。

我说，亲爱的，爱错了人，不管多难过，都要懂得放手。

- 02 -

“你可以爱过一两个渣男，但你不能爱上同一个渣男两次。”

道理谁都懂，可真遇上这事，谁都不会放手。

猫耳折在同一个渣男身上，无数次。

每段恋情的开端都是梦幻美妙的，冒着粉色气泡螺旋式上升。男生阳光帅气，关键还温柔体贴，猫耳就像中了彩票，感谢老天开眼，原来二十多年不谈恋爱，就是为了等到这么好的人啊！

直到男生劈腿，猫耳崩溃，一切美好的假象，彻底告破。

接下来就是电视剧里狗血的场景：

男生整晚淋着大雨站在猫耳家楼下，求她给自己最后一次机会。

猫耳恨他，冲出去骂他、打他，最后无力地瘫在他的怀里，哭到不能自已——和好。

可是爱偷腥的猫，是不会轻易改掉习性的。他既然在不会损失什么的情况下尝过了一次甜头，乖了一段时间，瞄准时机又会蠢蠢欲动。

反复地折磨和无法修复的关系，让猫耳从很简单地相信一个人，到现在变得敏感、多疑、猜忌，很难再回到那个单纯的世界了。

这世界没有谁离不开谁，没有他你会过得更快乐。

猫耳劝着慕思，劝她一定要放手。

劝人劝己，劝得了自己的从来都不是自己，而是把人逼到走投无路的现实。

爱错了人，不要想着去改变他，不然只会越改越失望，等爱消耗殆尽，伤害的只有你自己。

- 03 -

很久很久之后的某天，慕思突然说，我真的放下了。

在无数个不能放下、不想放下的瞬间，也听过无数个一定要放手的理由，都顶不过在漫长的自我救赎里那一瞬间的闪念。

就是那一瞬间，你会突然释怀，他不再是你心头最沉重的痛，你发自内心轻松地笑出来，在心里默默地告别，真正地永别。

或许你还未完全离开，或许偶尔还会想到他，但这就是一个很好的开始。

你可以真正地开始，重新快乐的。

很多人不肯放手，其实并不是放不下，只是不想放下。

不甘心、不舍得、不忍就这样放掉那么多值得回忆的过去，摧毁在这个世界上只有我们两个人在乎的、不顾一切爱过的痕迹。

是不是我再坚持一下，就能忘记一切，回到过去。

是不是我再原谅一次，他就还是曾经那个他，从未改变。

越需要小心翼翼去呵护的感情，越是脆弱易折、不堪一击。手心攥得越紧，内心就越挣扎着想要逃跑。

过去，无法回头；未来，也走不下去。

于是把对方逼得越来越紧，把自己搞得越来越累，感情变成了人生最大的束缚，令人窒息、恐惧。

最后你会发现，你们的感情早已到了不得不分开的地步，而唯一令你们仍痛苦地纠葛在一起的原因，只是你不想放手。

走到尽头的路，要懂得回头。走不下去的感情，不要硬走。

终有一天你会发现，在一个个令你失眠的深夜里，那个呼吸般不可或缺的人，那些难以抑制的想念，会随着时间的推移和消逝，变得那样无关紧要，那样陌生和遥远。

放过对方，更是放过自己。

有一种感情叫作食之无味，弃之可惜

- 01 -

暧昧，是所有关系中最让人纠结的。

不轻易表明心意，也不主动去捅破窗户纸。好像永远看不到结局，也永远不会终结这种似是而非的关系。

比暧昧更榨干人精力的关系叫作：食之无味，弃之可惜。

说白了，我不想吃，丢掉却觉得可惜。占着你，暧昧着，别指望我给你承诺，也别想轻易离开我。

朋友祁蓝，就曾遭遇过这样一段说不明、道不清的关系。

刚进公司，她被分配到阿枫所在的部门。阿枫海外学成归来，比祁蓝早入职整整两年，论业务，绝对是一流的好手。教起祁蓝来，也是详尽之至，毫无保留。

阿枫不仅智商超强，情商也堪称业界一流。

顺理成章地，阿枫成为祁蓝在全公司最信赖的人、最崇拜的前辈和最亲密的朋友。

两人会约好谁带早餐，又一起寻觅公司周边美味的午餐，偶尔加完夜班，一起吃夜宵。阿枫特意把祁蓝送回家，并在每晚睡前亲密地互道晚安。

除了没有情侣般亲密的肢体接触，祁蓝和阿枫好像柏拉图般，享受着精神恋爱。

不久，关于阿枫和祁蓝关系不一般的传言，就像瓦斯泄漏一般，在公司内部弥漫开来。

当传到祁蓝耳朵里的时候，她大吃一惊，但细细品味之下，似乎并不讨厌，甚至还有一丝享受。偶尔听到别人耳语，她会假装没听到，偷偷窃喜。

- 02 -

祁蓝一边若无其事地沉浸在这段甜蜜的交往中，一边暗暗期待阿枫可以早日告白，好把这份甜蜜发酵、加深。

可一晃半年过去了，石榴裙已然换成了羽绒服，送走了似火的骄阳迎来了懒懒的冬阳，阿枫还是没有表白。

祁蓝有些着急，但她觉得既然和阿枫情投意合，即使没有表白，自己早已芳心暗许，再等等却也无妨。

阿枫的身世似乎一直有些神秘。随着了解的加深和从各种渠道听说，祁蓝渐渐了解了阿枫的身世。

原来，阿枫是名副其实的富二代，换作等量齐观的货币，可以说他根本不需要工作，就可以衣食无忧地活上几百年。

祁蓝有些胆怯，毕竟自己只是一个靠着读书一步步走出农村，在城市孤军奋战的姑娘，别说“富”字长什么样，就连在这座城市买栋小房子都要拼命奋斗一辈子。

再次坐阿枫的车的时候，祁蓝突然感觉无比陌生，不禁失落起来，原来这就是他们口中的兰博基尼，她曾天真地以为这只是个高级一点的代步工具。

她永远不能忘记自己的位置。

不能因为爱一个人，就忘记自己所处的地位，人要有自知之明，硬生生的现实让她明白，即使勉强开始，也不可能有完美的结局。

祁蓝知道，阿枫是她一辈子都难以企及的人，像生吞整块固体般咽下不可能说出口的爱，深深的遗憾就像决堤的海水，在她心里波涛汹涌，不肯退去。

祁蓝告诉自己要坚强，生活还得继续下去，最终还是要面对现实，于是她开始尝试着认识新的朋友，想寻求一份“门当户对”的感情。

- 03 -

祁蓝开始了第一次恋爱，跟一名 IT 男，帅气阳光，很努力也很上进。他对祁蓝很好，每天下班都会准时在公司楼下等她，比《新闻联播》还要准时。

最重要的是，跟她一样，家庭背景简单明了，父母是双职工，靠自己的双手吃饱饭。

祁蓝觉得，如果这段爱情可以稳定发展，她一定可以忘记阿枫，找回生活的重心。

可是不经意间，祁蓝发现阿枫对自己的态度有了翻天覆地的转变。从曾经的无微不至，到如今的视若无睹，阿枫身上散发出莫名的寒意，像一柄尖刀，剜向祁蓝的心。

这样的冰冷持续了半个月之久，终于在公司聚餐上，被打破了。

祁蓝看着人群中的阿枫，随意地拨弄吉他，唱一首漫不经心的情歌，引得台下的女孩发出阵阵尖叫。祁蓝的落寞感让她不得不离开房间，离开有阿枫味道的空间。

祁蓝将这一切抛在脑后，静悄悄地溜了出去。谁知，她还没走远，就被人强行拉住了手，一股强大的力量把她拖到了角落，她被硬生生地按到了墙上，还没看清对方就迎来了一阵狂风骤雨般激烈而愤怒的吻。

“阿枫，你会娶我吗？”

祁蓝既没有反抗，也没有回应对方的吻，任凭眼泪簌簌地落下，轻轻地说。

阿枫顿住了，呆呆地看着她。他没有回答，终于冷静了下来。

“我……喜欢你。”阿枫嗓音沙哑了。

“可我们不会有结局的，不是吗？”

阿枫突然笑了，似乎觉得一切都很荒诞，全世界都无比可笑。他心知肚明，他的家庭绝不允许他娶一个这样的姑娘，他的婚姻连自己都无法做主。

可就这样微笑着送走她，他似乎也无法做到。

- 04 -

一周之后，阿枫离职了。

祁蓝看着空荡荡的隔壁办公桌，痴痴地盯了好久。似乎阿枫还未离去，无数个朝夕相处的画面就像电影回放似的，一遍遍重播。

电话响了，原来是男朋友，他已经在楼下等待祁蓝下班了。

有一种爱情，不是靠等待就能拥有完美的结局。有时候等来的，只不过是一场空欢喜。

我似乎喜欢了你，可明知道我们不可能会有结局。

于是，爱起来不那么酣畅淋漓，想放手却又狠不下心。

于是，爱之无味，弃之可惜。

这段关系便成为双方都难以言说的过往，没有明确的关系，也无适当的名分，似乎真真切切地爱过一场，又好像虚幻的梦魇从未真实存在。

难以提及的你，就像没有明了的那段感情。

你像是朋友，但绝不只是朋友；你像是恋人，可我们从未真心真意爱过一场。

相忘于江湖，你要好好生活；如果在街角相遇，我仍会虔诚地祝福。

祝你前程似锦，祝你早遇良人，幸福一生。

想你，电量低，即将关机

- 01 -

很多人问我，爱情，究竟怎样才可以永葆青春?

大概只有经历过爱到忘我，甘愿付出不计较得失，默契到一个眼神就能洞察对方的心理，熟悉到闻着你的味道，就能安心睡着。

但同时我们也有可能面临着因为熟悉而变得不再稀奇，因为得到而忘记去珍惜。

品尝过这些，才有起码的资格说真的懂爱吧。

可经历过一切，不代表就会永远在一起，就像琳琳和晨光，爱到最后，被时间和距离拖到看不见的角落，也只能微笑着再见。

从大学跳入社会，两人开始了遥遥无期的异地恋。爱情就是这样，一旦产生距离，就会产生问题。

而异地，就像宫崎骏说的那句，“你住的城市下雨了，很想问你有没有带伞。可是我忍住了，因为我怕你说没带，而我又无能为力，就像是我爱你，却给不到你想要的陪伴”。

他们从最开始的每天N个电话，到最后变成了半个月一通电话。

我很想哭，但我不想跟你倾诉，因为事情很复杂，所有的人名都要重新说一遍。甚至还要牵扯半个月之前的事。我忍住不说，所以在想哭的时候选择了沉默，在本可以愉快聊天的时候陷入了苦闷。

这样的时刻多了，琳琳从依赖男友的小女生，逼自己变成女汉子，搞定一切，换锁、修煤气……渐渐地，琳琳好像不再需要他了。

有时候我们一味推崇女孩要独立，可是独立到最后，似乎霸占了某些专属于男生的特权，变得不再需要，也就不再想念。

- 02 -

我说过，所有的分手都是“蓄谋已久”，就像所有的爱情都不是一蹴而就。

有时候爱情就像是“千里之堤”，坚实牢固，可终究难逃“溃于蚁穴”的结局。

从无数个晚安开始，他们的对话慢慢变成了无回复状态，对方只能无奈地回一句“那我先睡了”……从第二天睡醒就能看到的“抱歉，我昨晚忙到很晚，没来得及回复”开始，最后也变成了无未读短信。

在感情上得不到依靠，在生活中无法同舟共济，隔空分享效果削减严重，得不到感同身受的理解。

固态无具体形状，精神也没共鸣，爱情也就渐渐消亡。

想你，“我好想跟你分享美食”，可我明明知道你不会回来，我会难过，于是为了让自己熬过这段难以言说的痛，从此以后我告诉自己，我似乎也没那么想跟你一起吃这一餐。

我好像也没那么想跟你分享美食、观赏美景、挑选好看的衣服、看一则笑出了牙龈的笑话。

于是，曾经痛的想念，也渐渐变得麻木。

就这样，想你，变成了“我在看电影”，“哦”。

就这样，想你，变成了“在干吗”，“忙”。

我们之间，真的就从无话不说，变成了无话可说。

琳琳习惯了不再互道晚安的日子，晨光习惯了回家的时候没有一盏亮着的灯。

- 03 -

距离产生美，可能指的不只是空间上的距离吧。

在我看来，这里的距离大概指的是自由的灵魂。

想要维护感情，就一定要“在一起”，人是感情动物，需要的不仅仅是语言功能，更需要共同经历。有经历才有共感，共同体验绝对是增进感情的利器。

而灵魂的自由，是指在一起的双方，互相依靠但不过分依附，拥有独立的人格和灵魂。在生活中相互扶持，在生命里互为补充，这样的距离，才能不断地产生美。

琳琳和晨光，距离可以缩近，可时间带走的默契却再也回不来了。

我们在的城市下雨了，很想问你有没有带伞，可是我忍住了，因为我怕你说没带，我说我给你送伞吧，你说不用，我跑着回去就行了，就像是我爱你，你却不需要我的陪伴。

曾经渴望的陪伴，在无数次得不到后，最终会变成了不想要。

我已经能够忍受淋雨的冰冷，穿上了厚厚的盔甲，就绝不希望回到那个脆弱的自己，因为我怕，一旦回到过去，万一你还要离去，那些你走后带来的伤痛，我会赤裸裸地再经历一遍。

琳琳和晨光，从满格的想念，渐渐耗尽。来电不足，断电就会加快。

直到最后电量太低，不得不接受现实，静静等待自动关机。

想你，电量低，可我不舍得关机……

忘记你，和减肥，都是一场梦话

- 01 -

朋友圈疯传一首诗《你不再爱我》，来自马来西亚诗人假牙。

其中有一句写道：

为什么我们相互的爱，不会同时消失
或许这样一拍两散比较容易
为什么对我像患癌
对你只是吃一粒班纳杜[1]就好
轻微的发烧

昨晚我把这篇文章转发给了宝先生。当时他一边运动，一边跟我视频聊天。当我激动地说，这首诗写得真好，一定要他看一看的时候，他一口

[1] 班纳杜为止痛药。

答应，然后缩小了画面，大声念了出来“你不再……”然后戛然而止，憋得一脸尴尬，哭笑不得。

他说，他差点儿就当着父母的面儿念出来了。

前天，我正式跟男友的亲朋好友见了面，虽然身体不适，加上精神高度紧张，但是喜悦的心情还是溢于言表。

是啊，九年的感情，能走到今天，太不容易了。对未来无比笃定的日子，无非只有最初的一两年，和最近的一两年而已。中间几千个漫长的日日夜夜，无数个分分秒秒，我们都在试探和猜测中度过。我们也曾因吵架而赌气说过分手，但最后还是选择了和好。

当然了，分手的瞬间，比远在天边的未来，更加肯定、更加清晰。或许我们无法真正分手、一拍两散的原因就在于无法忘记对方吧。

我吵嚷着无数次的减肥计划，在分手的那个瞬间完美地实现了。对于我这样一个骨架大、没什么肥肉，甚至连一丁点儿可怜的废肉都不肯施舍给需要它们的部位的姑娘来说，减肥是一件比模糊的未来还要不真实的事。

现在想来，忘记了原因、忘记了契机的那次分手，在我站上秤的一瞬间，体重直接跌破下线。

跟他吵嚷了一万次的减肥，在他的“帮助”下，瞬间就成功了。

- 02 -

感情就是一件毫无道理、毫无公平可言的事。

最近很多朋友发来篇幅很长的文字，每一篇我都认认真真读到最后。

其中有一个读者令我印象深刻。故事大概是这样的，她和男友感情稳定，即将领证结婚，而且一心一意地等待援藏的男友两年。可就在结婚前夕，大吵一架，男方甚至动用了武力，结婚这件事不了了之。

更令人惊讶的是，不出月余，男友竟跟一个只见过两次面的女孩结了婚。事情发展到这里，令人瞠目结舌。一个男人竟然把婚姻大事当作儿戏，责任和担当之类的不说，这显然会毁掉两个女人的人生。

事情还没结束，男友觉得自己结婚是由于一时冲动，加之对女孩心怀愧疚，所以又和女孩在一起了。当然，是瞒着自己的妻子和家人，偷偷在一起了。结局很显然，恋情告破，被妻子发现，他又深感对不起自己的妻子，迫于妻子和家庭的种种压力，他又要求女孩放手……

她最后问我："你说我该怎么办？"

我的回答很简单："放手。"

能把曾经的爱人作为一个选项，作为一个比较的参考，会是一个真正爱你的人做出来的事吗？

如果当时的一时冲动，是对你的惩罚，那这个惩罚无疑是巨大的，对女生是致命的、残忍的，甚至无法容忍的。他做得出来，就说明他不是一个稳重的人，无法对两人的未来负责。

连对方这种断绝后路的报复行为你都忍了，未来还有什么是你忍不了的呢？

你忍一寸，他进一寸。当你忍无可忍的时候，身后却是万丈深渊，再没了退路，不是继续忍受痛苦一生，就是尸骨无存。

这样的爱情，早已变质。

这不是爱情，那是执念。这不是爱情，只是未完成的，想完成；只是不甘心曾经的幻想未能成真；只是不甘自尊心受挫，不想输。

可即使破镜重圆，梦想成真，它终究是破镜，早吞噬了想象中的甜蜜和幸福。

- 03 -

忘记你，是我奋斗终生的目标。

就像一场顽疾，是我与自己的斗争。战胜自己，才能开启崭新的人生。比起你不再爱我这场小感冒，在我的世界里，你早已经永远消失。

输了你，却赢得了自己。忘记你，就像冥顽不灵的体重，到达一个峰值，总会固执地反弹。

可神奇的是，失恋是这个世界上对减肥最有帮助的事情。嘴巴不说话，身体却替灵魂发声。可他连你因为想他而没胃口，吃不下饭，做着噩梦哭着醒来都毫不在意，你干吗要为他消瘦、为他痛苦？

我的悲欢对你不再有任何意义

我的梦想对你不再有任何意义

我们的过去

现在和未来

对你不再有任何意义

可我却无法停止对未来的想象。

是啊，“我早忘记你了”是一场再空不过的梦话，是一句谁都不相信的假话。可谁规定，我就不能带着回忆生活得很好呢？

就把梦做得更彻底一点，就让痛随着时间的变幻涌动，变得不再清晰，让我再提起你时，从痛不欲生到如坐针毡，从思念汹涌到云淡风轻。

无法忘记你，但至少我获得了一个梦寐以求的结果，我减肥成功，变瘦了，更美了，不是吗？

你男朋友有没有把你的微信置顶聊天

- 01 -

读者未末最近有点难过，忍不住跟我吐槽，真不知道微信到底是不是个好东西。

我愣了一下，微信总体来说当然是好东西了。直到未末发来了很长一段文字，讲述她和异地恋老公之间的事，我才明白她为什么对微信动了真气。

未末和男友华晨是网恋，说来凑巧，两人是“摇一摇”风靡一时的时候相识的。未末也很惊讶：“我不知道真会摇出来个老公。”

这段异地恋走得还算顺利，两人火热地聊了两个月，华晨就一脚油门儿到了未末所在的城市。于是，第一次牵手，第一次接吻，很多个第一次的纪念日，都在同一天诞生了。

华晨回去之后，两人的感情变得更好了。手机从不离手，从不静音和关机。因为他们知道，在没有共同好友的情况下，双方联络感情的唯一方式就是手机。

确实，手机不仅仅是聊天工具，有时候就是这个神奇的小板砖，就能带给双方巨大的安全感。

对方无法接通，担心；对方无故关机，焦虑；对方不回微信，他在干吗？

未末难过的原因，正是由于对方从曾经的“秒回”变成了如今的“没看到”和石沉大海。

华晨也很委屈，你看看我的微信，已经不是当年的几十个好友了，我已经有几千好友了。一旦第一时间没有看到，很容易就被新消息刷了下去，就此错过。

未末不再义愤填膺，但隐约还是觉得委屈和心酸。男友说的是有道理，但不足以让她彻底释怀。

我问她，那你男朋友有没有把你的微信置顶聊天呢？

- 02 -

有时候没来由地感慨，微信这个神奇的东西，竟然能让我这个足不出户的宅女结识这么多异国他乡的好友。

可是在芸芸好友中，我怎么才能第一时间找到你，并且不遗漏你的每一条信息呢？

你男朋友有没有把你的微信置顶聊天？

你女朋友是不是你的星标好友？

前两日整理微信好友，猛然发现，曾经仅有四十个微信好友的我，如今好友也快进入五千大关了。

我有三四十个群，每天至少要跟二三十个人聊天。长长的对话列表，想要手动拖到底部，还真得拉上一会儿。可我总能在第一时间找到宝先生的微信，并不是他头像独特、名字显眼，只是我将他标成微信星标好友并且置顶聊天了。

这样，无论有多少新消息刷屏，他的对话框永远都处于微信首页，我永远也不会遗漏他的信息。

前段时间，不精于研究软件的宝先生突然发来一张图片，他把我的微信备注名称改成了“A little girl”（小女孩）。

左思右想不得其解，我身高 168 厘米，体重也过百，距离“小巧玲珑”、“小鸟依人”这种类型应该有十万八千里的差距。

宝先生的理由却很简单：因为微信好友列表是按照名称排序，A 自然而然就排在好友列表的 No.1 了。

原来如此！这位先生竟然不会使用置顶聊天功能。我一边嘲笑他一边一步步截图，教他如何将好友置顶。

嘲笑的声音愈大，感动却来得愈甚，即使他不会置顶聊天，却仍会想尽一切“笨”办法，让我变成他在社交中最特殊的一员。

- 03 -

秒回这种事，大多数人都很难做到。忙成狗的时候，宝先生也会完全忽视手机这个生物。

可无论多晚，即使夜里一两点钟，他还是会在微信告诉我一声：安全到家，勿念。因为他知道，不报平安就意味着不是绝对的平安。偶尔半夜醒来，如果没有看到他的信息，我会担心到再也无法入睡。

有时候，遗漏信息跟是否置顶也没有绝对的关系，我们不排除有人刻意不回微信，想让对方慢慢领悟用意的可能。

可如果不是刻意屏蔽消息，又长时间无法见面，只能依靠文字和声音这种主观性极强的方法来维持感情，置顶聊天和星标好友，或许就是增进感情的不二选择。

果然，未末听取了我的建议，在和华晨互相置顶聊天以后，基本取缔了“你怎么又不回微信”这种气鼓鼓的迂回聊天法，增进感情的同时，实实在在地找补了不少美好的瞬间。

其实，无论是置顶聊天还是星标好友，都只是形式一场。

只要我在你心里的分量足够重要，即使不置顶聊天，我们也不会轻易遗漏彼此的信息，就像宝先生给我备注的那个“A”，就像我边嘲笑边极有耐心地教他置顶好友。

不置顶微信也不代表他没有在人生中将你“置顶”，不星标好友也不能说明你不是他生命中最亮的星。

置顶微信仅仅是在心里将你“置顶”的表现形式，你占据我人生最顶尖的地位，也是我今生的顶级配置。

你是我最重要的微信好友，也是我使用微信最浪漫的理由。

你朋友圈发得那么少，一定过得很幸福吧

- 01 -

无意中看到一句话：

你很少刷微博，不发空间动态，也不经常更新朋友圈，那你一定过得很好吧，因为想说话的人就在身边。

确实，跟喜欢的人在一起，时间似乎都按到了快进，一不小心就从晨曦变成日暮。

谈天说地都还不够，哪还有时间刷朋友圈呢。

小艾一度疯狂迷恋上了发朋友圈。刷屏是常态，基本上每隔几个小时就会有不同的心情。

“眼睁睁地看着公交车绝尘而去，而我却站在马路的另一端。”

“看我的新发型好看吗？”

“今晚吃的是肉，可我明明说好要吃斋的……”

朋友圈是现代人交往的不二手段，朋友间的关心、问候和维系几乎都要依靠朋友圈。想要认识新朋友，最好的方式一定不再是要对方的手机号，取而代之的是加微信好友。

跟好友分享心情，也早已不再是煲电话粥，而是靠朋友圈的日常状态。

小艾天生自带幽默细胞，评论里的每条回复，都逗得大家不禁“扑哧”一乐。

只不过，她的每条朋友圈下，都塞满了满满的评论。每一条评论都得到了长长的回复。

莫名地，小艾给人一种很孤独的感觉。

她似乎很想跟朋友聊天，但又没什么大事可聊，更没什么契机点开私聊的对话框。于是，她只能通过在朋友圈回复评论的方式，消磨大把的时光，跟更多的朋友闲聊。

我们总会不由自主地心疼小艾，她一个人在外地上班，身边没有亲友，一年才回一次家，甚至连个嘘寒问暖的人都没有。

朋友圈发得那么多，一定过得很寂寞吧。

- 02 -

年关将至，好友拉了一个临时群，除了小艾，大家都在，群里讨论十分热烈。

“小艾最近怎么都不发朋友圈？好担心她是不是在外面受委屈了。”

“是啊，我也发现了，私聊她也没回。”

“我也发了，她隔了很久才回我，态度极其敷衍。”

当大家都在猜测小艾是不是遇到难以言说的困难的时候，阿欣发了个诡异的表情，打断了大家的猜想。

“小艾交男朋友了！我前几天遇到她了，手牵手逛街，别提有多甜蜜了！”

原来，由于工作的关系，小艾在偶然的机会下结识了现在的男友。跟小艾同乡，两人甚至上过同一所高中，只不过年级不同，所以互不相识。但聊天聊得久了，发现真有不少共同认识的好友。

水到渠成，爱情也就瓜熟蒂落。利用过年假期，探望彼此的父母，如胶似漆地享受着恋爱的甜蜜。结果被阿欣撞到，小艾主动介绍了男朋友，顺便被阿欣好好八卦了一番，坦白从宽，抗拒从严了。

三五好友立马奓毛，口口声声说要质问小艾，但似乎都松了一口气，笑笑骂骂着要去调侃她，求爆照。

是啊，跟你一起挤着公交，看到马路对面的公交呼啸而过，能做的就是和你相视一笑，哪还有什么沮丧和懊恼？今天的发型为你而剪，想看只属于你的微笑，想听你唯一的夸赞，又何必去问问朋友圈呢？今天的晚餐跟你一起吃肉，回家的时候是跟你散步两个小时腿儿着回去，还怕什么长胖呢？

有人说小艾变得比以前更成熟了，但她突然不发朋友圈了，是朋友圈的一大损失。

我只是觉得，小艾更懂得好好生活了，她幸福的样子，尽管不活在朋友圈里，却实实在在活在她的血液中。

- 03 -

我们其实很难只从朋友圈中分辨一个人过得好与不好。因为没有人会把真心摊开来放在朋友圈中供大家赏玩。

除了分享这一时刻的美妙心情和奇闻逸事，更多的时候，我们只有在渴望得到关心和共鸣的情况下，才会“记录下此刻的心情”。

每个人都会有迫不及待想要分享的情绪，有些人选择面对面发泄，有些人却只能从朋友圈中获得安慰。

无论是无关紧要的闲聊，还是闲闲絮絮的近况，温润的友情、炽烈的爱情抑或绵长的亲情，都能让我们从此刻的负面情绪中稍加抽离。在朋友圈里虚耗了光阴，排解了些许负能量，更勇敢地直面生活中的小挫折。

有些话不用讲明，你我心知肚明，就好。

人在越来越成熟的时候，会学着慢慢把这种情绪自产自销，收敛在朋友圈中的分享。也有些人，真的在遇到了某个人之后，渐渐地不再发朋友圈了。

想说话的人就在身边啊。

想跟你用面对面的方式聊天，不必再透过冰冷的屏幕，依靠文字猜测对方的语气；想让你看到这句话说完之后，我加了一个多么经典的鬼脸，让你每次想到这句话的时候，都忍俊不禁，没有一个人比我女朋友更能把这句话讲得搞笑到极致了！

即使有一天，我真的不在朋友圈里兴风作浪了，也不要担心，因为我可能遇到了一个人，让我连刷朋友圈的时间都舍不得浪费，让我连看手机的瞬间都觉得浪费。

我就只有一双眼睛，看你都看不够，哪还有时间发朋友圈呢？

隔着屏幕说分手，最让人死不瞑目

- 01 -

你有没有隔着屏幕说过分手？

或者，被分手。

反正我有，结局就是仰面平躺在四角铁床，睁大双眼渴望看穿漆黑的夜，眼泪从眼尾源源淌出，却死寂到令人绝望。

隔着屏幕说分手，最让人死不瞑目。

如果你能看到我的眼睛，一定能读懂屏幕里的话不是我最真实的想法。我说了一万遍祝你幸福，其实是在说第一亿次“我们再试一次好不好”。

如果不是隔着屏幕，你一定能读懂我的欲言又止，一定能明白我的口是心非。

这大概就是异地恋最痛苦的时刻吧。

制止吵架最好的方式不是争个你死我活、谁对谁错，而是及时送上亲吻和拥抱。

明明可以在见面的一瞬间和好如初，可偏偏相隔那么遥远的物理空间，让我们没机会化解误会、抑制冲动。

隔着屏幕说的分手，除却百分之百确定的分手，对于真爱的双方，大都是冲动倔强作祟。

不是不爱了，只不过人在装上屏幕这层伪装时，人为作用下变得格外“坚强”，本来撒娇卖萌还可以商量出余地的事情，却被生冷的文字引入了死胡同。

看着大段大段的诀别，半推半就，能接得住的茬儿也只有祝福和告别了。

隔着屏幕的分手，说的人口是心非，听的人心力交瘁。

- 02 -

湘湘是我的高中同学。

我见证了她和男友的相知、相遇、相爱和诀别的全过程。

当时我正在挤火车，突然接到了湘湘的短信：“我和大路分手了。”

湘湘和大路分手，不用理会，因为过不了几天他们一定会和好如初的。

认识十年，感情基础深厚，互相深爱对方，即使异城异地，他们也不会轻易一刀两断的。虽然湘湘和大路脾气都倔强极了，但无奈爱得颇深，他们一定又会如胶似漆的。

调侃了湘湘几句，我觉察出似乎情况不对。

湘湘和大路的时间总是对不上，两个人见面的时间越来越短，频率越来越低。加之大路父母对他的人生规划比较严格，不允许他在28岁之前恋爱结婚，就让两人的矛盾越积越深。

湘湘的不安和自尊，让她在和大路相处的过程中越来越急躁，眼见大路的父母过于强势，谈了好几年的恋爱几乎要毁于一旦，她急于从大路口中讨要一份承诺。而大路则稳重可靠，不百分之百确定的事，他从不轻易许诺。

大路的不肯轻易开口，让湘湘误以为大路不再爱她。大路则是惧怕了无穷的争执与逼问。

大路终于在断断续续持续了几个月的冷战和心不在焉之后，说出一句“不管你以后在哪儿，永远记得有一个人默默祝福你”。

湘湘看到这句话的一瞬间，眼泪哗哗落下，他这是在明示，他还是会离开她，他已经放弃属于他们两个人的未来了。

湘湘泪眼婆娑：“一个人要记得按时吃饭，照顾好自己。”

本来心存幻想的江湖再见，却变成了永别和再也不见。

如果两个人不是隔着屏幕客套祝福，而是开诚布公地正式分手，可能结局会是另一番模样吧！

倔强和自尊已经在无休止的冷战中消磨殆尽，隔着屏幕说分手，两人都冷静了下来，却再也没有和好如初的勇气。

- 03 -

湘湘还是会哭，深夜、凌晨、公交车上，或听到某首情歌，或看到某部电影。

隔着屏幕的分手，湘湘后悔了一万次。

如果知道那是最后一次见面，她一定不会抢走他最爱吃的热狗，看他着急却又不能把她怎么样的样子；如果知道那是她最后一次为他做饭，她一定不坚持那个小惊喜，她真的不知道他们会在他生日前突然分手；如果知道这次分手就不会再见，她一定装着看不见，第二天若无其事地问他什么时候来看她……

坚持了这么久的恋情，连分手这么痛苦的事情，都只能在不为人知的角落独自舔舐伤口，默默流泪。

如此深爱一个人，却连面都无法见到。

如此渴望他能幸福，却连凝视着他的眼睛，认真祝福的机会都不再拥有。

隔着屏幕恋爱的滋味，真不好受。隔靴搔痒，永远也无法止痒；画饼充饥，最后明白勾勒的美好永远只存在于幻想之中；隔空对话，接收到的真心也随着电流折损消失了。

隔着屏幕说“你好”，隔着屏幕说“再见”。

隔着屏幕分手，少了一份迫切感和真实感。没体会过强忍着眼泪背过身去，拖着沉重的脚步一步步走远，痛感也来得分外迟钝。

现实不够残忍，心似乎也没那么痛，告别的只是一个对话框，离开的只是一个头像。

似乎视线离开手机屏幕，抬起头，依然能看到你，蹦蹦跳跳地在远方挥着手，越来越近。

没承想，却在现实里失掉整个世界，也失去唯一的那个你。

你发的朋友圈里，藏着多少孤独

- 01 -

昨天发起了一个互动话题。

“什么时候觉得自己是世界上最孤独的人？”

本以为炽热难当的夏季，和“5・20”全球秀恩爱的日子里，收到的留言一定寥寥无几。可没想到，孤单的滋味，各自体会。

在深夜里想一个人到无法入睡

一个人在医院挂水，一边举着挂水瓶一边去药房取药时，发现自己孤立无助

他不再爱我的时候

回家看到屋子里漆黑一片的时候忧伤又孤独

深夜翻了两遍通讯录，却没找到一个可以说话的人

一个人去吃海底捞，服务员在我对面放了个布娃娃

看到最后一条留言的时候，忍不住笑了。但笑着笑着就有些许难过，一个人吃饭的样子，无论怎么看，都无法不笼罩着一丝孤单的氛围。

无论我们有多平凡或高贵，总会在某些时刻独自品尝个体的渺小和脆弱。

我也曾辗转在深夜，翻着几乎都要背熟的朋友圈，和再也刷不出来新鲜事的微博，眼睁睁盯着窗帷从黑夜到白昼，却找不到一个可以倾诉的人。

为什么通信如此便捷，我们却越来越感觉孤独。

可能我们的关系越唾手可得，就越能深刻地体会到情感的压抑有多么痛苦。

世间最遗憾的四个字，莫过于“无可奈何”。

也许只有经历过孤独，才不再惧怕孤独吧。

不管是内心的麻木，还只是习惯罢了。

- 02 -

前几日偶然碰到朋友小末。

看到她挑选鲜花时精致的侧脸，突然间想起她在朋友圈里分享的生活，也精致得如同现在的静止画面般，令人艳羡。

小末却深深叹了口气，说，有时候翻看自己的朋友圈，好像人生真的跟朋友圈里一样梦幻。

发一张汗流浃背的瑜伽照片，低头用手机 P 图的时间比练瑜伽的时间还要长；拍一张插花的图片，配文都带着花香，但其实手机背后还存在着另一副嘴脸，老公对于满地残枝气愤不已，扬言要禁止她插花这个爱好；周末老公做饭，感谢这个挣钱又会做饭的老公，晒一晒吃完饭自己为配菜时切到的伤口消毒，和洗碗时从创可贴渗出的细细密密的血丝，再回头看看窝在沙发里打游戏玩手机的老公，朋友圈里的生活跟现实中的生活，真的不只天壤之别！

独自一人在世间行走时会感到孤独。

但身边之人，却无法理解和支持自己的时候，这份孤独更掺杂着绝望的味道了。

朋友圈确实有记录生活的功能，但大多数的朋友圈还是功利性的存在。

我们习惯于分享生活美好的一面，可翻看记录时，那一刻的真实生活，是美好还是将就，会像烙印似的在脑海中完完整整展现出来。

真实的人生究竟过得好与不好，扪心自问，才一清二楚。

- 03 -

朋友圈里有太多言不由衷的图文与心意不符。

有些话，不是不想说，只是不能说。

有些事，真的不想说，但却不得不说。

这时候，最接近内心世界的，恐怕就只有这部手机和这个朋友圈了。只有一个人能在翻看这个词不达意的朋友圈的时候，泛起那件想记录但又不愿记住的过往。

每一个孤独的瞬间，都是最自我，任何人都无法参与和共情的瞬间。

不可否认，我们也曾虚荣过。

大家所拥有的，我也一样可以拥有。这个朋友圈为证，说走就走的旅行和诗情画意的生活，不仅仅活在仰望之中，更活在朋友圈的证据当中。

但更多时候，我们是想在朋友圈里填充内心的孤独。

想从死寂的手机，和各忙各的连偶尔打招呼都尴尬至极的通讯录里找到一丝存在感。想从几个红点和几条评论中证明此刻并不是只有自己孤独到靠刷朋友圈排解寂寞、消磨时光。

想从这个朋友圈宣告世界，同时作为内心最私密且最正式的仪式，告诉自己，生活的模样要从此刻开始变得越来越好。

不管朋友圈里的内容有多么精彩，那都是孤独的产物，是最骨感虚无的精彩。

唯有生活才是最真实的存在，华丽或苍白、曼妙或彷徨，都是最丰满立体的、鲜活的模样。

你发的朋友圈藏着多少孤独，你的生活就有多不尽如人意。

终有一天，当你发现朋友圈不再那样重要，孤独也就不复存在。

那时候再剥开生活之茧，人生才会处处精彩。

嘿，听说你老婆是凑合娶的

- 01 -

上个月同学聚会。

组织者是一位年长我们很多的“同学”，他是在职研究生，平时工作很忙，上完课就匆忙离去，跟我们打成一片的机会不算太多。

但毕竟同学一场，大哥专程组了个局，创造一个可以互相熟悉的机会。觥筹交错之间，我和好友谈到了结婚问题。

自然地接过话题，大哥感叹地喃喃自语：“唉，我也是因为年龄到了，顺手划拉了一个。”

我们哈哈大笑，大哥性格豁达，说话也风趣幽默。

次日，大哥加了我的微信，看到我在朋友圈分享的文章，特地私信我，字里行间透露着伤感：“看到你说《嫁给爱情》的那篇文章，我流泪了。跟我的经历太像了。”

我有些震惊。原来他口中“顺手划拉了一个”是真心感叹，并非刻意幽默。

我不知道说什么好，毕竟他的家庭已经开始孕育新的生命，不论妻子的功过，最起码算是为家庭肩负起了一个妻子应负的责任。

可能一个娶的不是爱情，一个嫁的也只是合适吧。但既然选择结为连理，是不是应该试着把这个根深蒂固的想法忘记，开始努力经营婚姻？

即便只是合适，也是自己的选择。

年龄的压力不是给对方造成婚姻不幸的借口，更不能成为跟初次见面的朋友数落结发妻子的理由。

试想，那个本在青春年华，可如今为延续家庭生命，忍着十二级疼痛做出巨大贡献的妻子，听到枕边人这么不堪的评价，会痛得多么撕心裂肺？

婚姻不是过家家，没有彩排和重来。婚姻是两个成熟的人在深思熟虑后一起做的决定，无关年龄，有关责任。

- 02 -

几年前，偶然读到一则故事，至今仍然记忆犹新。

一对情侣在相亲过后很快确定了关系，交往一年有余，在家人的催促下步入了婚姻的殿堂，并且很快诞下了爱情的结晶。

女孩初为人母，难免有些紧张焦虑，在繁重的工作和照顾婴孩之间，渐渐变得不再那么温柔可爱。

男孩很快便开始后悔当初的选择，到底是什么让自己鬼使神差地答应了这门婚事？自己想要的一辈子，跟现在的境遇简直天差地别。

唠叨的母亲和妻子、整夜哭闹着不睡觉的宝宝，看着昔日同学一个个飞黄腾达，自己却还踩着脚踏车每日顶着尘土呼吸着汽车尾气。

在一次同学聚会上，他遇到了初恋。

聚会结束之后，他便发起了猛烈攻势。当然了，是秘密地、猛烈地追求。在家人和朋友面前，他依然扮演着为了家庭和孩子早出晚归辛勤工作的好男人。

他向初恋抱怨着自己的老婆、婚姻的不幸和无奈，他对初恋才是真爱，至于在家奶孩子的孩儿他妈，连情人的脚指头都不如。

这位初恋，渐渐从同情转化为爱情，在他极致贴心的攻势下，最终沦陷了。

当男孩如愿以偿将女孩压在身下的时候，仍然叨念着："我不爱我的老婆，迫于年龄和双方父母的压力，我才结了婚，我后悔……"

女孩问道："那你会选择离婚跟我在一起吗？"

男孩迟疑着："……可我已经有孩子了……"

女孩这才明白，压着自己的这个男人是如此不堪，不知感恩、不敢负责又饥渴着想要偷欢。

很多人，亲身验证了"婚姻是爱情的坟墓"这句话。

当我们怀揣着希望步入了婚姻殿堂，却发现跟想象谬之千里的时候，究竟应该选择咬牙坚持苦心经营，还是中场弃权，委身退出？

- 03 -

其实，"遇见"本身就是一件无比神奇的事情。

两个完全陌生的人，在截然不同的环境生长，受到了不同的家庭教育，接触完全不同的人和事，秉持着不同的价值观，却最终走到了一起。

跟宝先生恋爱九年，我们从幼稚走向了成熟，但我仍然记得我们第一次谈分手的场景。

那年我们刚满十九岁，少不更事，对爱情和未来懵懵懂懂。

在我们激烈争吵下最终决定分手的那个晚上，他说，我会告诉所有人，是你甩了我，是你要跟我分手。你不用担心面子问题，丢人的事，我来做就好。

我突然热泪盈眶，手指颤抖着打不出一个字。

他在面临分崩离析的情况下，仍能设身处地为我考虑，宁可舍弃自己的颜面，也要维持我的形象。一瞬间，所有的不愉快和任性灰飞烟灭了。

环绕在脑海的，只有那句温柔的潜台词，你的面子比我重要……

感情不就是这样吗？只顾着给你送棉袄，我却忘记了穿外套。

年少时的我们，呵呵笑着说我这辈子怎么可能嫁给一个胖子，但却因跟他在一起时感受到独一无二的快乐，就无怨无悔地认定他。

爱情永远不可能只有幸福甜蜜，可在这个世界上能欺负你的人只有我。

我骂了你一万次笨蛋，可绝不允许别人叫你一次傻瓜。

- 04 -

生活就是这样，想象很丰满，现实很骨感。

时间，会冲淡新鲜感。婚姻，会消除神秘感。

曾经，她是女神，可今天也会打嗝儿、放屁，早晨起床有口气，放假在家也素面朝天抱怨连篇。

我们忘了，那时的我们展现的是最精致的自己。而婚后，家，变成了最放松、最不需要掩饰的地方，我们卸下武装，坦然面对彼此。

当恋爱的悸动归于平静，是否婚姻也从幻想的甜蜜二人世界，沦为那座冰冷的坟墓？

很多人，在柴米油盐和素面朝天的攻势下，爱情就像是雁过留声，靠着仅存的恋爱回忆苟延残喘。

换一个人，你的婚姻也不见得会好转，生活也不见得会更上一层楼。我们要试着调适自己，从习惯一个人到照顾两个人，乃至撑起整个家庭。这才是面对困境时该有的态度，一味地扩大问题和选择逃避，是解决不了任何问题的。

在跟别人抱怨自己妻子的时候，给自己三秒钟时间想想，自己在觥筹交错谈天说地的时候，妻子在家一边照顾孩子一边等待丈夫回家。这样的她，你还忍心一次次甩给她无形的耳光，让枕边人成为别人茶余饭后的谈资吗？

环顾周围，婚后幸福的人比比皆是。幸福的人不见得有神秘的幸福之道，只是他们更懂得知足，更懂得珍惜眼前人。

爱情需要经营，婚姻更需要妥协。

婚姻能带给你的回报，远比虚无缥缈的自由和铤而走险的挑战，要来得更加幸福快乐。

人生就像是一条宽阔的大河，波涛汹涌波澜壮阔，而夫妻二人就像是在独木舟里相依为命的两个人。

同舟共济本就已经是天赐的缘分，能跟你一起掌舵变成了人生中最幸运的事。

每一对爱人，都值得祝福。

每一根白发，都是鉴证爱情最浪漫的礼物。

我要的安全感，不是知道你所有的密码

- 01 -

什么是安全感？

难以言说，却不得不说。安全感是每份爱情的梦寐以求，是维系每份感情的灵魂所在，更是一个人最勇敢的信仰，敢于用唯一的生命与你紧紧缠绕的笃定。

朋友问我，他玩手机时刻意躲闪，接电话就跑到别的房间，我不想偷看他的手机，更不想从此以后我们开始警察抓小偷的游戏，产生信任危机。

可有些事，不是随着你想或不想，就能够发生或不发生的。

母亲生病的时候，他跑前跑后忙里忙外，向公司请了半个月假，照顾得实在用心。老爸一口一个你真嫁了个好人；上次孩子发烧，他半夜抱孩子去医院打吊针，寸步不离，一口水一口饭地喂，眼里都是血丝。

可朋友还是觉得隐隐不对，没有不透风的墙，她苦笑着说，果然，她还是从老公的手机里发现了其实内心早已经预料到的事情。

真相，在这一瞬间变成了证据。证实了他深深隐藏着不忠诚的暗流，一切的好都只是表象，最令人难以忍受的是他真的对她很好！甚至比恋爱时更好！比新婚时更甜！

看着他微笑，她感觉陌生极了，她不再任性撒泼，把他当作自己的全部退路，他不再是自己在职场拼杀的动力，他不再是这个世界上最坚强的后盾、最信任的人。

一部上锁的手机，一定藏着一份上锁的秘密。至于想不想公开，纯粹取决于对方。主动说出来的，是原因；不小心暴露的，就是借口了。

安全感的消失，就是从信任的破灭开始的。

- 02 -

如果一份感情，不能放下全部的警惕，无法放松从容去爱，这一定不是一份好的感情。

男人总问，女人到底要什么安全感？我把所有的密码都告诉你，我把银行卡都交到你手里，我把房本写上你的名字，够安全了吗？

可这都不是女人要的安全感啊！

我要的安全感，不是知道你所有的密码，更没想让你把手机秘密、微信秘密通通公开。我要的安全感是，即使我对这一切一无所知，依然能对你完全信任、毫不怀疑。

我要的安全感，不是要抓牢你全部的财产，红着脸据理力争一定要用在房本上加上名字的方式证明你有多么爱我。我要的安全感是，即使我无一房一车，依然能坚信我绝无可能因和你关系破裂而居无定所、流落街头。

我要的安全感，不是要你时时刻刻出现在我面前，二十四小时报备，和谁在一起吃什么、聊什么，认识了哪位新朋友，男的还是女的。我要的安全感是，即使我们短暂分开，各忙各的，不能秒回信息、无法秒接电话，我依然清楚地知道，每一次分离，你都比我更急切地渴望重逢。

我要的安全感一定是发自内心的从不质疑，毫不犹豫，坚信、笃定，即使在客户面前雷厉风行、说一不二，在领导和下属面前挥斥方遒、指点江山，也能在你面前做一个没心没肺时时刻刻都能安然入睡的人。

把整个心交到你手里，也无丝毫的迟疑，甚至比放在马虎大意的我这里更安心。因为这就是安全感，你说什么我都听，你说什么我都信。

没有为什么，我就是知道。

这就是安全感。

- 03 -

异地恋，最想要的是安全感，最缺失的也是安全感。

身边有很多朋友是异地恋，一分开就争吵到非分手不可，一见面就“一笑泯恩仇”，可再美好的“在一起”也无法修补争执不休的“不在一起”。

安全感需要花费极长的时间去建立，可破坏却又是弹指一挥间。

这种短暂的信任培养，还未完全建立起来，就要面临不得不分开的现实，因为分离的不舍和在一起的欲望没得到满足，而滋生更多的负面情绪，不可抗拒的不信任和猜疑全部嫁祸给对方，难免在缔造安全感的途中起到破坏作用。

在一起就甜蜜满分，不在一起就世界末日，也是一种典型的毫无安全感。

可能互相都无法真正放心得下，无论是对彼此、对时间，还是对距离，甚至是对于未来的无可预知。

无奈的是，无论互相多么深爱，又多么信任，或许永远都不可能有那份“你不在我很好”“你在了我更好”般从容不迫的安全感。

你不在时，我想你，想到不安，想到害怕。

安全感，就像指尖流沙，你越想攥紧，它越要拼了命见缝插针地逃走。

- 04 -

我们都知道，一份真挚的爱情可遇不可求。

但我更想说，渴望真挚的爱情，就要先亮明自己的态度：你能否获得一份纯粹无杂质的感情，其实很大程度上取决于你对这份感情付出了几分真心，又为对方付出了什么。

付出了试探与揣测，远远观望着对方的举动，想要独占先机、步步为营，就别期盼对方能全心全意、掏心掏肺；反之，先别计较着自己的付出是否盈亏，用真心对待，相信对方才能接收感应，并付诸相等的真挚。

情感就像是钓鱼，一端放线，一端咬钩，互相试探着要不要接近，互相试探着是否要敞开心扉，互相试探着对方究竟是真情还是假意。

没有人可以在感情里掺假、浑水摸鱼，一旦对方设置了路障，势必点燃敏感与退后。

相爱的两人，对于感情方面一定是锱铢必较、眼里揉不得沙子的。他对你好与不好，你比任何人都清楚，他的疏离与亲密，你比任何人都能感觉得到。这就是两个人在一起的磁场，不同于任何人。

给予了欺瞒和谎言，就别想逃过猜疑和质问。同样，付出了真心与真诚，回报你的一定不会是试探和隐瞒。

安全感是相互的，希望你也能找到一份独一无二的安全感，找到那么一份笃定，在任何情况下都知自己永远有退路，都能没心没肺地开怀大笑。

第三辑

你一定要努力，但千万别着急

遇见对的人，人生就像突然开挂了

- 01 -

朋友的朋友阿朱，是个很普通的女生。

究竟怎么普通呢？个子不高、其貌不扬、性格内敛，就是那种扎到人群里，挑了几次都看不见的人。

普通到，若不是亲眼所见，你根本不会相信阿朱画画竟然如此惊艳。这么普通的人，这么普通的手，怎么就能画出这么美的画？

艺考来临，阿朱就背着画夹、扛着油彩排在队伍的尾巴，默默地跟去了。

艺考结束，迎来第一次模拟考试。阿朱依然默默地从中下游慢慢地上升到不起眼儿的中上游。几个月之后，阿朱一下子跻身全班前十名、全校前一百名之中。

大家震惊，谁是阿朱，她怎么会这么厉害？

这么平凡的阿朱，怎么突然像开了挂一样？

真正令人瞠目结舌的是高考，阿朱全面爆发，最终以全校前十名的成绩考取了本校有史以来艺术生文化课的最好成绩。

最后，阿朱以文化分第一名的成绩进入了中央美院，开启了全新的人生际遇。

一夜之间，那个平凡无奇的阿朱，一下子成为整个夏季全校最热议的话题。

原来，阿朱在艺考的时候遇到了一个男生，偶然间发现彼此都深深热爱画家康定斯基，两个人非常谈得来，一时兴起约定下一次相遇一定要在中国最高的美术学府。

或许你也曾觉得人生毫无意义、乏味无趣，一旦那个人出现，你突然觉得人生充满动力。

- 02 -

再见到阿朱的时候，男生惊得差点下巴脱臼。

眼前这个窈窕、阳光、俏皮可爱的姑娘，真的是几个月前的阿朱吗？

成绩下来之后，阿朱知道自己一定会被录取，想象着和男生重逢的场面，阿朱突然很想看他吓一跳的样子。

对外貌无所谓了十几年的阿朱，果断跑去健身房，减掉了十几斤。她把短发留长，烫起那年夏天最流行的卷发，摘掉眼镜戴上隐形，画上淡淡的妆容，踩上小高跟鞋，穿上短裙，背着画夹——女神横空出世。

自然而然，两个人成了最令人羡慕的校园情侣。

阿朱虽然外表脱胎换骨，但本身还是有些许的自卑。男生来自大城市，从小到大受到很好的教育，很是阳光自信，早早就规划好了人生轨迹。在男生的鼓励下，阿朱心底那些因自卑带来的压力慢慢转化为前进的动力，加上她专业出众，人也变得越来越自信。

在男生的带领下，阿朱不再顾忌自己资历尚浅，跟男生一起初生牛犊不怕虎，从大一起就报名参加全国各种类型的美术比赛。他们私底下互相为对方提出最中肯的建议，又经常在同一个比赛场上角逐。亦师亦友，又时常是竞争对手。

失败了就一笑而过，成功了就觉得赚到了，生活很是丰富，最重要的是积累了大量的专业知识，为未来走向社会打下了良好的基础。

后来，两个人辗转国内国外，留学进修，现在双双入驻 LV 品牌，成为最令人羡慕的情侣设计师。

遇见男生之后，曾经遥不可及的梦想好像突然插上了翅膀，越飞越近，触手可及。

遇见对的人，人生就像突然开挂了！

- 03 -

人有时候是一种奇怪的动物。一个人的时候，好像觉得人生就是这样得过且过、毫无意义，提不起劲儿努力，也不知道该朝什么方向努力。

甚至，努力这件事本身就听着很令人心疼，很难坚持下去。

有时候不是生活艰难到让人无法忍受，只是欢喜忧愁无人分享，伤心难过顾影自怜。身边没有一个人肯倾听你内心最真实的想法，想哭的时候没人拍拍后背、摸摸头给你安慰，想笑的时候听着房间里空旷的回音觉得自己笑得好孤独。

直到有一天，那个人出现。

你饿肚子不顾形象狼吞虎咽的时候，他就坐在桌子那端笑眯眯地看着你；淋成落汤鸡，他指着你湿淋淋的头发哈哈大笑，你也能跟着笑到直不起腰；你被上司责骂，他跟着你一起骂到消气，再笑到喘不上气。

有时候可能就是那么一句轻描淡写的鼓励，你突然发觉只要他在身边，人生并没有那么难。

你突然觉得，努力这件事好像也不是那么没有意义。至少有个人，就站在触手可及的地方，翘首以盼着你的到来。你往前走一步就会离他更近一步，你有多渴望跟他肩并肩站在一起，就会咬牙付出多少努力。

直到两个人终于相遇，一瞬间突然明白了生命的意义。

好像我们天生就是在寻找彼此。在相遇之前，我们过得都很一般。

一个人的努力叫寂寞，两个人的努力加在一起才叫未来。

- 04 -

为了谈恋爱而谈恋爱，其实是在虚耗彼此。

一份好的感情，一定会使两个人变得越来越美好。

你不需要跟全世界对抗，不需要跟全世界证明你的坚不可摧。跟他在一起，你可以软弱，但软弱之后不会轻易想要妥协放弃。相反地，你感谢他的信任和保护，哭过之后再次神清气爽地热情投入生活。

你生活的全部意义就是未来的那幅蓝图，和他在一起，过上属于你们两个人的生活，虽然那仍是理想，但只要有奔头，就终有实现的可能。

很多时候就是这样一个简单的约定，就能激发你潜在的爆发力。

遇到对的人，就觉得困难似乎变得无限渺小，生命中有那么多有意义的存在，快乐的时间本就不够用，为何还要为了细枝末节争论不休呢？

笑声是平时的数倍，变成了爱笑的傻瓜，笑点都变低了；整个人生都开阔了，最讨厌的事也变成了最有价值的挑战；不再迷茫徘徊、畏惧前路，而是自信笃定、未来清晰明确，人生路跟你在一起，做什么都充满意义。

因为你，我又重新相信命运。因为跟你并肩前行，梦想不再只存活在梦里。

遇到对的人，人生真的会开挂。

两个人一起走向无比光明的未来。

面对轰轰烈烈，我更喜欢细水长流

- 01 -

究竟什么样的感情能坚持到最后？

有人崇尚感情至上，绝不将就凑合嫁给合适，宁可单身一辈子也不要结没有爱情的婚；有人认为爱情是次要的，门当户对才是走到底的最关键因素。

可我觉得，能走到最后的感情一定是这样的：互相独立又无法分离，互不依赖又互为精神支柱。在他面前你不需要刻意伪装、迎合，营造一个虚假的自己，更不需要为了他委屈自己，迷失了方向。

晓曼耗干了最后一点希望，终于从男友的阴霾中绝处逢生。

他喜欢吃红烧小排，晓曼就从十指不沾阳春水的女孩修炼成了各大菜系各种名菜信手拈来的大厨；他喜欢听朋克摇滚，晓曼就变成方圆十里最摇滚炫酷的女孩；他喜欢灰黑色调，晓曼就把“Hello Kitty”全部收起来压箱底，把粉嫩的墙刷成了工业风。

晓曼加班回家已经是半夜，可怜兮兮地说我饿了，他却说：“没事的，忍一下就睡着了，睡着就不饿了，权当减肥。”

情人节，幸福的女孩们都收到了男朋友送的鲜花和礼物，晓曼却偷偷躲进人群，一边抹着眼泪，一边刷他在几千公里外发的喧嚣、疯狂的摇滚演唱会小视频。他说：“等这场演唱会好久了，这次情人节不能陪你了，谢谢你理解哟。”

可我们都是平等的，凭什么就要事事迁就你？

爱到疲倦处才发现，找一个轻轻松松的人，谈一场舒舒服服、暖烘烘的恋爱，才最美好。

- 02 -

一段恋爱谈了三年，可半夜听到晓曼不开心的消息却已经数不清次数了。

晓曼最后离开的时候说，不是不爱了，只是真的太累了。

努力配合你的人生，配合到你完全忽略了我的存在。

他不知道我最喜欢的歌手是谁；不知道我最常烧的菜却不是我最爱吃的菜；不知道以前喜欢“Hello Kitty”却买不起到后来不断努力到终于有机会圆一颗粉红梦的心情；他甚至不知道，我最想要的不是他口中那个美轮美奂的未来，而是每一个当下、每一寸光华。

或许这些都没关系，只要我们在一起足够开心，一切都不重要。

可我慢慢发现，有些感情注定越走越累、越爱越疲惫，无论你多努力它都无法变得自在舒服，于是再也坚持不下去了。

晓曼最近交了新的男朋友。

他们在一起的时候没有刻意为谁的喜好做妥协。

他打游戏，晓曼就在旁边翻时尚杂志；晓曼通宵赶方案，一定会有一杯温热的蜂蜜水在旁边安静待命。

他会在晓曼做菜的时候环着她的腰，想方设法偷吃，然后发出超级享受的哼声；他会一边洗碗一边唱歌，每一句歌词唱得都是平淡无奇的生活。

这次没有爱得那么深入骨髓、没有痛哭或狂喜、没有极致的祈望，也没有迫切的愿景。

可就是那么恬静自如，每次想起就像一股暖流，从心口涌向指尖，周身暖洋洋的，舒服自在。

你可以迁就、妥协、退让，但前提是对方也默默为你做出了同样的事情。

能走到最后的感情不一定都要爱到刻骨铭心、无法自拔，缓慢绵长、淡然平静的感情也不见得就走不到终点。

最后才发现，爱不爱没那么重要，舒不舒服才重要。

- 03 -

爱过很多人，也被很多人爱过。

伤痕多了，有一天会突然发觉，拼了命找一个多爱的人，其实根本就不重要。

天冷的时候，就想喝一杯暖烘烘、浓烈烈的香茶；在这个巨大、行色匆匆的城市，就想放空在一个完全舒适、放任自由的角落；在这个喧嚣、嘈杂、世俗、谄媚的世界里，就想拥有一个可以随时撒娇、倾诉，能包容你一切的人。

也许我们不是全世界最相爱的那对，但我们一定是全世界最能够给予彼此阳光的那对。

在这个不安躁动的世界，有一个人，你能完全安然地在他怀里熟睡，即使明天就是世界末日；你可以无所顾忌地分享你的情绪，即使这根本不是一个完美的聊天时机；你可以放心地把全部的自己都交付给他，尽管他从未承诺和保证。

这时候你会发现，灼热和欲望是青春的专利，如今你渴望的只是一个简单、方便的空间，一个童真、纯净的灵魂。

一份永恒的感情根本没那么复杂，没那么多条条框框和慎重严谨。

不苛求未来，往往能更好地走向未来；不急于求成，才有机会拥有最完美的结局。

别羡慕那些浮华空虚的轰轰烈烈，在绵长的日子里开心快乐，这才是最重要的。

不爱就不爱，何必互相伤害

- 01 -

分手的方式有很多种。

无疾而终，不了了之；相忘于江湖，各自生欢；分崩离析，一别两宽，等等，都只存在一个结局，那就是分手。

分手了就是分手了，无论往事如何刻骨铭心，爱得多深，恨意多浓，总会有忘记过去，从头来过的那天。无论是争吵过，还是和平分手，其实都是有缘无分，跑完一程，各自走上自己的人生路。

藕断丝连，是人们在分手初期最期待的一种状态，毕竟生命中那个最亲密的他，会在你的生活中戛然而止，每个人都需要一个缓冲，随着时间的流逝和生活方式的改变，才会慢慢觉醒，最终回归到一个人的状态。

剪不断的爱情，是不是能佐证爱得深刻、爱对了人，倒也不见得。

可偏偏有一种人，爱到最后，竟变成了对方生命中最害怕的人。每次看到他的来电，就好似看着手边的电门在“滋滋”冒电，明知伸手了会触电，但不伸手后果可能会更严重。

这样的感情，还不如从未遇见。

不良的爱情有时候像没晒干的棉袄，穿上难受，脱下来就冷。

- 02 -

读者笑笑就有过类似的感情。她和前男友在一起三年多，度过短暂的甜蜜时期，问题却渐渐浮出水面，吵架干仗已经是家常便饭，最后两个人真的“揭竿而起”，对彼此动粗。

快乐早已销声匿迹，两人却一直纠缠至今，并未一刀两断。

在分手未遂的那段时间里，笑笑最害怕的就是半夜，她怕突然收到阿南传来一张恐怖的血迹斑斑的割腕的照片。那种精神上的折磨，比肉体上的打击更具有毁灭性。

笑笑实在受不了了，终于提出了分手。当天晚上，阿南就从三楼纵身跃下。等笑笑叫来救护车，痛哭着把阿南送到医院的时候，也已经吓得不知所措。

万幸的是阿南并没什么大碍，右脚脚踝骨折，加上轻微脑震荡，休息三个月，还能像正常人一样，上班、生活。

笑笑看到世界上竟然有一个男人，会因为跟自己分开而痛苦到跳楼，她又迷茫又感动，暗暗在内心许下承诺，如果他改掉了打人的毛病，她依然会对他不离不弃。三个月来，她把阿南照顾得无微不至，两个人似乎重新找回了初恋的感觉，相敬如宾、甜蜜如初。

然而好景不长，笑笑和阿南又因为一件小事爆发了争吵，最终动了手。这次受伤的不是阿南，一个反手耳光抽过，笑笑直接扑倒在地，眼冒金星，神志混沌不清，左耳嗡嗡作响，去医院检查才知道，是耳膜穿孔。

笑笑直接从阿南家里搬了出来，住到了朋友家。她恨阿南出手太重，可时间久了，禁不住怀念起他们刚在一起时的幸福甜蜜。她渐渐产生了幻想，隐约熟悉的铃声响起，下班后下意识地寻找那个熟悉的身影，期待回家后一开门就看到他，像曾经一样声泪俱下地道歉。可是，那只是幻想。

直到一个人躺在冰冷的手术台上的时候，她才死心。

左耳暂时失聪，右耳也听不到期待的脚步声，他们真的完了。

- 03 -

一个月后，阿南出现在了笑笑的公司楼下。

他还像一个月前一样，阳光开朗，咧开嘴呵呵笑。笑笑眼圈一热，差点儿哭了出来。笑笑使出了吃奶的力气，终于挣脱了他，躲在出租车里，第一次哭得撕心裂肺。

笑笑陆续收到了几次阿南寄来的纸箱，从刷牙杯、毛巾，到被她当作睡衣穿的男士衬衣。半夜接到过几次酒气熏天的电话，闭着眼睛按掉电话，转过身去，眼角滑过一滴眼泪，心痛地睡去。

笑笑跟我说这一切的时候，刚刚收到阿南寄来的时间囊，那是他们相恋一百天的时候，一起勾画的未来，一起许下的承诺。

后来，笑笑跟我说，因为前男友的不断骚扰，她最终搬离了闺密的家，换了份工作，换掉手机号码，也删除了所有的聊天记录。

这段感情，就这样，一刀两断了。

- 04 -

太多爱情，有着美好的开头，却伴随着惊悚的结局。

爱情往往都是好聚难散。初尝爱情的时候，被甜蜜和幸福团团包围，可最终变质甚至坏掉的时候，我们却不能痛痛快快地转身离开。

纠缠永远都是孤掌难鸣，分不开，大多是两人变相的你情我愿。

从用两支吸管喝一杯饮料，到一个人吃不掉一个西瓜，我们难免会感到无奈和心痛。

习惯，让我们错以为还爱着对方，还活在对方的怀抱中，还活在对方的眼神里。

最舒适的情感，应该是只有两个人在一起的时候，卸下所有的伪装，轻轻松松。吃块瓜、吃块冰都感到这就是人生的真谛。因为放不下曾经，断不了过去，迈不开脚步向前一步，就选择互相牵制，甚至互相监视。这样的感情，这辈子都很难得到幸福。

明知道结局，却还固执着不肯放手。

这样的爱情像极了小孩子。只有小孩子在不得不放弃心爱的东西时，才会哭喊着撒泼打滚不舍得放手。大人知道，满地打滚是挽回不了什么的，只能用更加极端甚至是残暴的方式，伤害自己或是伤害对方，渴望挽救这段早已变形了的感情。

这不是爱情，这是执念。就像相爱时我们拼尽了全力，分开时何不大方干脆，给彼此一个痛快，给自己留下最后的尊严？

当尊严不在的时候，爱情也随之灰飞烟灭了。

爱的时候，请温柔地爱。不爱了，也请别互相伤害。

讲求性价比的年代，谁还谈真爱

- 01 -

大珂又在群里爆发了。

“我分手了啊。人渣太渣，忍无可忍。”

紧接着一条条信息“嗖嗖嗖”地蹦了出来。

“怎么又分手了，这次刚两个月吧。”

“看人不在长短。两个月都能看出来未来的命运是有多悲惨。”

10 分钟 500 多条信息，大珂在闺密群里痛斥了个酣畅淋漓。

一开始，我还以为大珂又是习惯性地作，鸡蛋里头挑骨头，她曾为此错过了不少好男人，不是身高不达标，就是长得不够鲜。可看着看着却觉得这次的手分得再精准不过。

两个月前，大珂跟老陈在同事的介绍下相亲，见面后好感度不错，相聊甚欢，于是正儿八经地交往起来。

老陈比大珂大六岁，上班四年已经成为公司中层，贷款刚买了车、房。每个月供正在读大学的弟弟生活费，时不时带他买衣服、吃饭。算是一个有能力的人才、有担当的大哥。

大珂也正是看中了这点，对家人肯付出时间和金钱，人品自然没话说，对女朋友也一定不会差。

两人的感情还算稳定，但大珂看出了老陈的难处，生活压力较大，在谈恋爱上就比较节俭。大珂虽然娇气了点，但挣的工资足够养活自己。她理解老陈的节省，吃饭的时候也主动付款。

钱不能决定爱情，但对方为你花钱的方式却能。

- 02 -

正当大珂含泪感激皇天不负有心人，柳暗花明又一村的时候，恋情的走向竟然急转直下了。

认识的时间久了，曾让人怦然心动的优点变得不再清晰，缺点却一个接一个地暴露出来。大珂家距离地铁站仅有十分钟，于是老陈无论约会多晚，雷打不动地从不送她回家，几块钱能解决的问题为啥要花二三十元？

一开始，大珂认为他是生意人，开车可能只是为了壮壮门面。不接送也就忍上几年，日子总会好起来的。后来她才发现，老陈经常接送弟弟。算了，弟弟也挺不容易，挤两天地铁无所谓。

大珂说“下次吃饭我请”，结果老陈挑了家一顿饭吃掉大珂半个月工资的餐厅，昨天老陈请的酸辣粉还没消化完，今天大珂忍着心痛刷信用卡，敢情我请吃饭之日，就是您改善伙食之时。

合着您给弟弟改善完伙食，就来我这里补充营养了。

老陈还经常给她灌输男女平等的思想，女人不要指望男人赚钱养家，要勇敢接触社会，大胆发挥余热，为社会和国家创造剩余价值。事实上，大珂的工资虽比不上老陈，但养活自己却绰绰有余，上班几年也攒了一笔数目可观的积蓄。

搞了半天，我生孩子赚钱买奶粉，您赚钱存钱还房贷。最后房子还属于婚前财产，跟我一毛钱关系都没有，我别想惦记，因为夫妻就应该相互体谅。

大珂在老陈又一次把她扔在风雨交加的地铁站后，忍着“姨妈”的剧痛，打着寒战掏出手机，祝老陈早日找到有缘人，没等对方回复就果断拉黑了。

没凉透过心，哪知道你渴望什么样的爱情？

- 03 -

表面上看，双方似乎都没什么重大过错。

老陈不过是想找个既能生养又能赚钱的媳妇儿，如果相爱，好上加好。大珂也看上了老陈的能力出众，综合实力强，如有共同语言，再加十分。

可实际上，老陈要找的完美婚姻，是不可能存在的。他要找的是女超人，周围却只有普通人。站在老陈的角度考虑，黄金年龄，有车有房，中层领导，比上不足比下有余，确实有挑剔的资格，明明能找个全能的高学历、有教养的“保姆”，自带相夫教子功能，干吗要找个不会做饭、不能赚钱，还时常需要调教的媳妇儿？

是啊，讲求性价比的年代，谁还谈真爱？

生活中有多少爱情，在结婚前的临门一脚，因彩礼太少而分崩离析，因无车无房就以退婚相逼，因劳务不均而争执不休。

金钱不是衡量爱情的尺度，但却是很多人丈量生活的基础。

没有人天生就应该为对方承担更多，就像是没人理应在爱情中坐享其成，不劳而获。

这样看来，是不是我们真的就只能讲求性价比，闭口不谈真爱？

- 04 -

很多人都想走捷径，无论是土豪般拿金钱换爱情，还是捞女式用爱情换金钱。却不知双方只是互相利用，各取所需，忠诚度也可见一斑。

我从不觉得坐在宝马车里哭的女人有多上进，更不认为坐在自行车上笑的女孩的幸福有多寒酸。

我们习惯追求金钱的性价比，就很容易在今后的人生道路上比较得失，遇到更好的，就很容易放弃眼前的。

很显然，得到的越表面化，失去得就会越彻底。

如果婚姻真的只讲求性价比，那保姆绝对是不二选择。因为这是她的工作，她的角色就是为雇主保证一个良好的环境。做家务，找保姆，同理，带孩子，找月嫂；想赚钱，找理财顾问……

婚姻，要找的是“爱人”。

我们追求真正的性价比，应该是幸福的性价比，绝不是金钱的性价比。

真正的幸福，不仅仅是相同的金钱观和赚钱能力，更重要的是价值观，和在生活中互相扶持、互为依靠的责任感。

无论婚姻还是感情，都要用灵魂经营，糅不得半粒沙子，容不得一点马虎。

你用半颗真心，就别想换取整个灵魂；你习惯含糊其词，就别奢求一心一意。

你有一百块，却只为她花掉十块。你只有十块，却想给她花十一块。两者的结果看似相同，收效却有着天壤之别。她深知你付出的是一切，为的只是博她一笑。

在爱情中，最有成就感的是付出，最长久的是陪伴，最动人的是真诚，不离不弃的才是感情。

最珍贵的，是你。

性价比最高的，是真爱。

十年异地恋，是怎样一种体验

- 01 -

究竟多么深刻的爱情，才能经得起一场异地恋？

时间和距离，又真的能决定爱情的长度吗？

我在朋友圈更新了一条状态，问大家想看什么文章。

有人说想看异地恋，有人说想听我自己的故事。既然如此，何不聊聊我十年异地恋的那些事。

韩寒说：谈恋爱就应该经历一下异地恋，体会一下欣喜忧愁无从分享，欢笑落泪不能拥抱，隔着屏幕、隔着电话、隔着书信联系直到你几乎发疯，学会拒绝诱惑，学会处理一个人的时间，学会照顾自己。也就只有这样，在下一个拥抱，乃至白头偕老，你才会感恩。异地恋不只考验对方的耐心，更是考验自己的认真。

“欣喜忧愁无从分享，欢笑落泪不能拥抱”，字字戳心。

直至今日，每想到这十六个字，都有画面映入脑海，忍不住热泪盈眶。

填报志愿的时候，我坐在电脑桌前，对着QQ对话框独自心痛。他截了一张图给我，说："你看，从H市到S市，每天有十几趟火车。"

我知道他想安慰我，确实，五味杂陈的心得到了一丝宽慰。

只不过那时候的我，天真地以为，异地恋需要解决的唯一事情就是思念，却从没想过，分开这件事，竟然会历时这样久，这样难以忍受。

突然发觉，离开这件事，从我们相识开始，就在不断上演。高中文理分班，大学在不同城市，如今他工作我读研，依然分隔两地。可我依然清楚地记得，在我去另一座城市的大学报到的前一天，他在单车上习惯性地微笑，皓齿明眸。没想到有一天，真要跟你分开了。

- 02 -

刚上大学的时候，联系对方都十分艰难。

宿舍信号差，话费贵，2G手机，2G网络，发消息时我在教室，可能对方收到短信时我都进入梦乡了。

《80后》这部电影描绘过一个场景：男主角费尽心血做好了一副模型，是他们未来的家的雏形。他看着这副模型的眼神光芒四射，充满了期待，下意识拨通女主角的电话，激动到声音有些颤抖。可女主角却刚好正在上课，钻到桌子底下按下接听键，竭尽全力用最大的气声告诉他，她正在上课，晚点回！

男主角甚至连一句兴奋的话都没能出口，就听到听筒里传来挂断的"嘟嘟嘟"的声音。

异地恋的朋友都体会过类似的伤痛。

真想跟你分享此刻的狂喜，可我却不敢轻易按下那个通话键，因为我好怕打扰正在上课或者正在图书馆这个极其安静的环境中的你，给你造成不必要的困扰；或想跟你哭诉那位工于心计的同学或一件极其不公平的事，不能对朋友讲也不能对家人讲，我哭了无数次并在心里积攒了一万句委屈想对你说，可拿起电话的一瞬间，听到你懒洋洋的声音，却再也讲不清几乎历经了几个月的复杂过往，胸口一万句话都变成一句叹息：“算了。”

通过线路的折射，再多情绪都会消损。

他很生气，我更委屈。

明明受伤的人是我，怎么你跟他们联合起来气我？

- 03 -

朋友见面，总是忍不住调侃我。

她半夜十二点，竟听见有“女鬼”在哭，吓得憋了一晚上不敢上厕所。

当然，所谓的“女鬼”就是我。我早就忘了那天为什么事哭，忘了什么事情能严重到吵到凌晨（吵架次数太多，记不清是哪件事了。曾经天大的事，过去之后会发现那真是小事一桩）。

那时的我，看着她们一副“真相大白”笑到不能自已的样子，也忍不住跟着笑，可是笑着笑着就想哭。

为什么想单单纯纯谈个恋爱就这么难？凭什么？

我们的冷战不定时就会来那么一次，我们和好之后，戏称这是“飙”。

看到朋友被男友捧在手上，疼在心上，我甚是羡慕，忍不住发动态“能被人这样宠着，真幸福”。

隔天，他头像依旧灰暗，却更新了签名“看你幸福，我就放心了”。

还有一次日常的吵架、冷战、飙。我忘了多久不联系，应该是很久，久到已经从赌气上升到了心痛。

像往常一样刷新了一百次他的主页，像从未出现过般消失得那么彻底的他，突然更新了状态：

“Will you still love me tomorrow？”（明天你还会爱我吗？）

身后是漆黑的宿舍，电脑屏幕闪着微弱的光，我埋在昏暗的微光中，唇瓣颤抖，似乎听到想念，透过极其空洞的安静一瓣一瓣发出声响。

一瞬间，泪如雨下。

- 04 -

读者朋友时常会让我感受到强烈的温暖：

尼可一定要幸福，早点结束异地恋，早日完婚哟！

讲真，我可能真的会来个异地婚。我学业未完，他工作不久，我们可能要继续忍受不断的分离、见面、分离。

如今的我，早已从依赖中挣脱，独立到可以完成任何事情。

从一个人逛超市都会迷路，到只身跨越大半个中国、再穿越完全陌生的城市去找他；从惧怕黑暗、惧怕夜路，到看着朋友们一个个被男友接走，然后在深夜寂静的马路边一边颤抖一边裹紧大衣，独自打车回家；从从未独立做过任何决定，到独自搞定所有事情，从懵懂无知到雷厉风行。

可能这就是异地恋“后遗症”吧，我从不谙世事的小姑娘变成了挥斥方遒的大女孩。

我早就不再畏惧什么所谓的异地恋。我从不推崇异地恋有多高尚，各种的心酸更与谁人说？

很多人在异地恋的过程中渐渐感到心力交瘁，不是不爱，是真的累了。

情感得不到及时共鸣，悲伤或是雀跃都要独自消受，吵架带来的伤痛和毫无交集的焦灼，无从分享的生活似乎比短暂见面的幸福来得更加刻骨铭心，上次见面时的笑貌言谈随着时间的推移变得越来越模糊、渺茫，从整日回忆到最后真的用尽全力都无法忆起。

甚至，承受这一切的代价，都没人敢保证换来的一定会是幸福。

可是，熬过了异地恋，历经了想见不能见的折磨和忍耐寂寞的煎熬，感情才更加彻骨、赤裸，才能拥有通透地打量这段爱情是否真的值得珍惜一辈子的能力。

我不鼓励异地恋，但我祝福异地恋。

感情需要一次次的共同经历，才能变得牢固。试着在每次见面时制订下次见面的计划，时不时给对方一些小惊喜。

怀有期待的情感，才能在无数平淡的日子里注入激情。唯有互相支持、互相鼓励，才能鼓起勇气走过这段充满冷暖自知的辛酸、日后想起会感慨不已的阶段。

祝福每一对异地恋都能熬过寂寞，战胜时间和距离，祝福每一对有情人都能终成眷属。

从前慢，我想过不着急的人生

从前的日色变得慢，

车、马、邮件都慢，

一生只够爱一个人。

- 01 -

朋友问我："订婚了吗？"

我摇摇头："没呢，快了。"

到了结婚生子的年龄，同学朋友大都按部就班，工作稳定，儿女双全，时不时地飞到热带地区，感受别样的异域风情，生活也过得有滋有味。而我这个无房无车，吃食堂、住宿舍的大龄文艺女青年，生活的步伐似乎比别人都慢了一个节拍。

是我跟不上节奏，还是现在社会节奏太快？

邻居问我："毕业了吗？"

我笑着回答："还有两年。"

阿姨欲言又止，尴尬地笑笑。是啊，二十五六岁，理应相夫教子的年龄，却还窝在家里，未婚没工作，多少有点可怜兮兮。父母的心也太大了，太不着急了。于是古道热肠替我操心。

身边的亲朋好友好像也都比我着急。

“上学也可以结婚啊！”

“先定了再说嘛！再等两年，他等得了吗？”

拜托，我没有晚婚晚育的打算，但也不至于明天就抱娃回家吧！

亲人的关心有时候也让我哭笑不得。虽然好笑，但我理解父母对儿女殷切的期盼，无非就是看到孩子成家立业，幸福快乐。像我这样漂泊在外，居无定所，似乎很难让父母放心。

我也渴望稳定，但不是为了房子、车子和票子，而是为了给父母一份安心。

我相信，在这个世界上，没有一对父母，能在孩子远走他乡的情况下高枕无忧、倒头大睡。

有时候，所有的稳妥，都是为了让父母不再担惊受怕。

- 02 -

小时候有一笔友，我们通信长达一年时间。

每周两次的头脑交换，小小的信封里塞满了各种颜色的心情。那段时间，上学最开心的事就是到收发室里等候信笺。

五颜六色的邮票琳琅满目，精心挑选出那么一两个，是需要何等的耐心。

投递信件的那个瞬间，心心念念你能早日收到，盼望你打开信封的一瞬间，从精美的信纸和华丽的邮票中，看出我是多么渴望你的回信。

曾经的通信缓慢到了极点，可每次见面却分外开心。

现在的我也会整日盯着手机，随时查看和回复微信的未读信息，和好友联系的频率递增，传递信息的时间也缩短。约朋友喝茶聊天，也不忘问问店里的无线密码。刷朋友圈插播聊天，显然不会很专心。匆忙地说着路上小心，潦草地拥抱，回味友情时也不再悠长有趣。

微信好友日益增多，遍布全国各地。我们神奇于彼此相隔几千公里却有缘在指尖相识，寒暄过后，回归各自的生活。

我们不顾一切追求的效率、迅捷，反而更缺乏人性，更淡泊人情了。

- 03 -

年轻如你，我也会茫然失措，蹑手蹑脚。现实也曾让我低头，焦虑不安。临近毕业之际，我在考研和工作的选择上犯了难。

考研，我这种学渣，绝不敢保证万无一失。即使我侥幸得到老天的眷顾，考上了，那么又是三年的异地恋，比“死别”还要痛苦的莫过于“生离”了吧。

他可以等我，可爱情会不会等？现实又会不会等？

当你任性发怒的时候，身边最亲最近的人往往是重灾区。在焦虑和恐慌之中，我整日失眠，开始患得患失，折磨我最亲近的人。饱受精神压力，哭着跟父母打电话，告诉他们我要工作，明天就回家，害他们担心不已，却又无能为力。

我发泄完了，擦干眼泪继续看书。父母却盯着天花板唉声叹气，辗转反侧难以入眠。

我着急，我比谁都急。我多希望时间过得再快一些，我希望明天就考试，明天就出录取结果。我恨不能左手握着录取通知书，右手攥紧结婚证，抓耳挠腮着想要明确的未来。

时间证明，汗水终究不会负你所望。无论你多着急，都得捺着性子等时间。挺过了那段暗无天日，录取通知书也顺利到达了。母亲喜极而泣，我也激动得失声，男友好像早已预知似的：在我心里你早就考上了。

我微微一笑，看出了他太过明显的恭维。

着急永远不会改变结果，改变的只有自己的心态，徒劳增添了等待过程中的烦恼。

- 04 -

现在的我，想要过不着急的生活。

走路去上课，任凭脚踏车和嬉笑声呼啸而过；排队打饭，仔细听身后的同学谈论新闻八卦。偶尔与外国友人擦肩而过，我也报以微笑，然后转身离去。

突然发现，我几乎忘记了曾在嘈杂的人群中专心看书的感觉，于是我试着在行色匆匆中重新投入到书的海洋。我也很久没有为一段精妙的音乐拍案叫绝，于是我换掉了劣质耳机，拿出所有积蓄购置了一套BOSE音响。

我细数着白云的形状，也留意到妈妈新插的鲜花。原来她还是像从前一样，一如既往地替花朵裁剪枝叶，用湿巾替它们拂去尘土，让它们自由生长，每天都更加娇艳欲滴。

年轻人更能与时俱进，年轻人就变得更加着急。

着急成功，着急鲤鱼跃龙门。

其实，迫在眉睫的不是跟上时代的脚步，而是学着不浮躁，学会自我沉淀。

你有多久没有拿起笔写一篇日记，就有多久没认真思考了。

从前的日子很慢，慢到我们还不那么孤独。我们还有三五好友，可以谈天说地、互诉苦恼，不需要依靠冰冷的手机找寻心灵寄托。

慢到手机还不那么像救命稻草，得时刻捧在手心，住在眼睛里。错过了儿女第一次微笑，也忘记心疼父母的两鬓白发。

当我们放慢脚步，会发现世界其实没那么丑恶。融化内心的温情，时刻都在发生。今天的社会，是不是更需要不疾不徐的人生？

慢一点，生活更有味道。别着急，才能活出自己。

愿你的爱情像特价机票，不退不换不改签

尹鸩小心翼翼地将戒指套在她的无名指上，微笑着说：“这是特价的，不退不换不改签哟！”

- 01 -

楚晓晓和尹鸩的恋情始于校园。

穿校服的楚晓晓是个不折不扣的假小子，168 厘米的身高，纤细苗条的她套上肥肥大大的校服，混在男人堆里，绝对择不出来。而尹鸩则喜欢那种柔媚、有女人味的女生。天知道他们怎么搞到一起了。

爱情其实就是这么简单，让绝对变得不再绝对，让支离破碎的条条框框化为佐证爱情最浪漫的承诺。

于是，当了十七年“男孩”的楚晓晓留起了长发，换上了短裙。只爱日系迷你裙的尹鸩也对校服长裤情有独钟。

除了在校长、主任面前扮演路人甲乙，尹鸩和楚晓晓早已昭告天下：“这是我的人。”

高中时光单纯美好，却也一晃而过。两人的大学分别在不同城市，从

单车恋人晋升为火车情侣。每逢火车票难买的时候，尹鸩就会发来一张机票订单："特价机票，不退不换不改签哦！"楚晓晓知道，那不仅仅是一张机票，那饱含了他对她无尽的想念。

楚晓晓就读师范院校，常常调侃："师范院校男生犹如皓洁的白云，但偏偏今天天气晴朗，万里无云啊！"尹鸩则是标准的理工男，班里的妹子不论身材长相，统统并驾齐驱，一水儿的班花。

两人也不是没吵过架、斗过气，都是家里的"小公举"，哪能在气势上输给对方。但结局往往都以一方的示弱而告终，吵架时发过的狠，破音的电话，歇斯底里的哭喊都在相视一笑后，烟消云散了。

他们认为日子永远都是这样，活在当下，以后是什么，没想过。

- 02 -

什么叫作不想长大，在毕业的那个刹那会让人如梦初醒。"独立"一词，从纸上跃然于现实生活，无论从实际，还是从内心，都表现得淋漓尽致。

毕业带来的巨大压力潜移默化地影响着两人的感情。尹鸩率先找到一份不错的工作，在他的城市慢慢过起了独居生活。而四处碰壁的楚晓晓变得焦躁不安。原本就天各一方的彼此，再没了平时的嘘寒问暖，相反更多的是唉声叹气和互相指责。

楚晓晓从小就争强好胜，外表女汉子，内心更住着一个硬汉。她认为平等的爱情，一定是建立在人格、经济都保持着相同水准的平等之上。

人在陷入困境的时候，往往会把最亲近的人当作垃圾桶，因为唾手可得，所以会不计后果地一味倾泻。

尹鸩在工作中还算顺利，人长得帅，办事利落，很快得到了领导的赏识。这无形之中给了楚晓晓更大的压力，长时间的冷战和无法沟通让两人觉得这段感情越来越沉重。

楚晓晓在又一次碰壁后，怀着绝望和压抑的心情拨通了尹鸩的电话，电话响了几声才被接听，她忍着颤抖的声音没有哭，却听见了尹鸩在那边愉快交谈的爽朗笑声。

过了几秒钟，尹鸩匆忙地说：“领导开会，晚些打给你。”

“我……”

“嘟嘟嘟……”一个字都还没出口，那边就传来了挂断声。

楚晓晓气得嘴唇发白，双手颤抖着把电话挂了。豆大的泪珠一颗颗砸在手机屏幕上，她咬紧嘴唇，一字一句地按键：从今天开始，你我恩断义绝。

这条短信犹如浩瀚星河中的一颗尘埃，再没了回音。

- 03 -

楚晓晓回到了家乡，找到一份相对稳定的工作。生活虽无大喜，但还算平淡温馨。可她总觉得心中空了那么一点，就像一个沙漏，不动声色地抽离自己，虽然不痛不痒，但永远也难以完整。快乐似乎没那么浓厚，悲伤却愈加沉重。

她仍会悄悄关注尹鸩的空间，默默注视他的一举一动，看他的生活动态，他是否依然快乐。他的生活似乎像往常一样平淡无奇，波澜不惊。但越是平淡，越让她感到折磨，多么希望平凡的一生可以与他共度。她开始检讨自己是不是太过绝情，把话说得毫无回旋余地。整日沉浸在思念和懊悔之中，楚晓晓变得不再快乐。

听说尹鸩工作调回了家乡，楚晓晓的心情更加复杂。主动去约他，她努力维护的面子就会碎成一地；就这么放手别过，她心底又挣扎着不肯。

同学似乎看出了楚晓晓的心事，一场聚会就这么毫无征兆地降临了。听说尹鸩也要去，楚晓晓精心打扮了一番，揣着惴惴不安的心小心翼翼地推开了包厢的门。

他就坐在她的正对面。席间两人始终不曾对视。楚晓晓一颗心越来越冷，渐渐感到食不知味，绝望的空气弥漫开来。她感觉自己像是跳入了冰冷的汪洋大海，听不到外界的声音，感到无尽的痛苦和窒息。这段感情是否就此无疾而终？

尹鸩漫不经心地转着菜肴，当椒盐鸡翅转到楚晓晓面前的时候，尹鸩按住了转盘。这是楚晓晓的心头好，必点菜。楚晓晓一惊，夹了一只鸡翅。

咬着鸡翅，楚晓晓突然想起那句：“特价机票，不退不换不改签哦！”她嗤地笑出了声，随后轻轻叹了口气。

- 04 -

他始终没有看她一眼。

饭局很快就在欢声笑语中结束了，饭后 K 歌一直是保留节目。几首情歌，几番对唱，楚晓晓一直装作心不在焉地偷瞄着尹鸩。

他还和以前一样，清爽利落的短发，嘴角微微上扬，轻松地跟同学谈论着近况，却始终不曾望向楚晓晓。

终于熬到了聚会结束，想到这可能是跟尹鸩最后一次见面，楚晓晓不由得眼眶发酸，之前煎熬难耐的心情瞬间烟消云散，相反地，分别的哀伤笼罩着她。

班长站在舞台中央，举着话筒准备做最后的发言。突然间听到了“楚晓晓”的名字，她惊讶地“啊”了一声，就被同学们推上了舞台。

“下面有请尹鸩同学带来一首《You all the time》。”尹鸩缓缓走上舞台，目光如炬，炽热滚烫，慢慢地走向了楚晓晓。楚晓晓头脑一阵发热，左手似乎比脑袋先起了反应，它自然而然地与另一只右手贴合，十指相扣。

同学们爆发出一阵阵欢呼和尖叫，楚晓晓终于恍然大悟，泪如雨下。

尹鸩盯着她的双眼，替她擦去泪痕，温柔地说："对不起。"他从口袋里取出一枚戒指，轻轻地套在她的无名指上，说道："嫁给我好吗？"

她破涕为笑："如果我说不呢？"刚一得志，她又开始无法无天了。

尹鸩微微一笑："这是特价的，不退不换不改签哦！"

楚晓晓"扑哧"一声笑了出来，那么甜。她看着尹鸩鲜红的唇瓣，吻了上去，义无反顾，也不给他任何挣脱的机会。

你懂我的言不由衷，我懂你的痴人说梦

- 01 -

忘记有多久了，我再没从他的口中听到过“我爱你”三个字。

可能觉得老夫老妻，没必要再肉麻兮兮地诉衷肠，说多了显得刻意，也不真诚。也可能爱情的模样已经变得模糊，习惯了朝夕相对的平淡，忘记了我们难舍难分的浓郁。

姜祁，是他让我相信一见钟情，也让我相信日久生情。

我努力做一个乖巧的女朋友，理解他和朋友在游戏世界的生死与共，也会在属于男人们的聚会前，轻声嘱咐别喝太多。

知道今晚又要独守空房，心里难免会有些失落。我知道一群男人在一起，免不了觥筹交错、把酒言欢。尽管有一万个不情愿，但为了让他得到充足的休息，我还是告诉他，明早自习取消，不用来接我吃早餐了。

初冬的早晨寒意正浓，没有楼下那个温暖怀抱，我这学渣才不会坚持早起，上没完没了的自习。

果然，没了楼下殷切期待的眼神了，我便没了往日奔向爱情的精神头儿，无精打采地磨蹭着下楼。

果然寒意逼人，我不禁打了个寒噤，戴上羽绒服帽子，缩着脖子往前走。刚走两步，突然感觉有人从身后抱住了我。

是哪只山贼色胆包天，胆敢在光天化日、众目睽睽之下强抢民女？！我差点儿使出姜祁教我的一招制敌的绝招——连环夺命踢，幸好我挣扎着从帽子里露出双眼，看清了这只“山贼”的真面目。这不是我家那口子吗？

姜祁眼睛弯弯的，正乐滋滋地盯着我笑。

看着他布满血丝的疲惫双眼，我既幸福又心疼，最后连甜蜜的责怪都无法说出口了。

爱情最美妙之处，莫过于你懂我的言不由衷，迁就我的不想懂事。

- 02 -

最开心的事，就是姜祁的未来，有我的存在。

姜祁会说：“以后我们的家，会是一所纯白的房子，面朝大海，春暖花开。”我赞同极了，连连点头，那涨潮的时候，会不会灌一屋子的沙？

姜祁白了我一眼，继续畅想未来：“开车载着你和孩子，迎着风唱着歌，打开天窗任凭风景呼啸而过。玩累了就去吃肯德基，孩子玩着儿童套餐里的葫芦娃和机器猫，我们吃着汉堡喝着可乐，时不时地薯条蘸上冰激凌，给薯条和冰激凌来一场唯美的邂逅。”

我幸福地涨红了脸，搂紧了姜祁，可是，海边哪有肯德基呢？姜祁“噗”的一声，嘴里的水还没咽下去，就直接喷了出来，呛得满脸通红，连连咳嗽。

“您大学专业学的是挖墙脚吧？不然就是专通下水道，简直就是‘哪里不痛点哪里’啊！”

我笑得直不起腰，抽出纸巾帮他擦嘴：“行行行，你说有就有。不光有肯德基，咱还有麦当劳、必胜客、驴肉火烧、黄焖鸡米饭，行不行？”

姜祁一瞧终于让我心悦诚服，就得意扬扬地继续勾勒未来。我随声附和着，偶尔开一些无伤大雅的玩笑。他讲得欢天喜地，我听得也幸福满溢。

只是我有些害怕。看了太多毕业就分手的悲惨结局，我不敢幻想未来。

我害怕太过具体的幸福，会在残破的结局面前，将我摧毁。

可能是我太过悲观。可我深深知道，只是因为我太爱了。因为爱，会让人害怕失去，会让人失去理智。

爱到极致就是敏感和玻璃心。我们即将走到分叉口，会背道而驰还是携手向前，我们谁都不敢保证。

唯有等待，时间，这个变幻莫测的巫师，来独揽生杀大权了。

- 03 -

最终毕业还是降临了。

看着昔日的才子佳人，因为即将异地工作的问题陆续选择了分手，我也有些惶惶不安。

我们从没讨论过留在哪个城市。有些小心翼翼，也有些敏感，我们不约而同地规避了这个可能引起不开心的话题，默契值达到有史以来最高点。

你想留在哪个城市？我装作不经意的样子，小心试探着。

都行啊。他轻描淡写，始终不肯说出明确的答案。我不知道他是真的无所谓，还是根本就不在乎。我想留在哪里，他一句都没问。

我想，可能他对我们的未来没有规划吧。或者，他有自己的计划，而他的计划里，我不曾参与。

我也都行。我淡淡地接话，偷瞄了他一眼，阳光斜射，纤长的睫毛影子散落在书本上，好看极了。

我想告诉他，不管他去哪里，我都愿意跟他走。

可他始终没再接话，我也没能说出口。

不知道他是否听懂了我的言不由衷，多希望他还记得他的痴人说梦。

- 04 -

转眼间，毕业三年了。

我踩着红色的高跟鞋，从地铁口出来，匆忙望一眼湛蓝的天空，帝都的天空好像很久都没蓝得这样深邃、这般纯净了。转身进了商场的洗手间，从单肩包里拿出一个化妆包，对着镜子，仔仔细细地粉妆玉砌。

经过三年的淬炼，我早已从素面朝天的丑小鸭摇身一变成为叱咤风云的小白领。从手提袋里拿出一条精致无比的连衣裙，手脚麻利地变装成功。这条裙子价格不菲，放在平时，我连试穿一下都会犹豫再三，但今天意义非凡，割肉也割得酣畅淋漓。

看着镜子里绰约的身影，暗自窃喜，今天肯定刷新排行榜上的回头率。

接了个电话，我匆匆收拾行装，赶去坐下一班地铁了。午间的地铁有很多空位，我怕弄皱了裙子，就踩着高跟鞋，高昂着头，自信满满地站得笔直。我怎么也得穿出这条裙子本该有的价值吧！似乎感觉到周围的目光都被我吸引，我更加目不斜视地正襟危立了。

下了地铁，我一眼就看到在人群中身着西装、仿佛散发光芒的姜祁。我上前挽住了他的胳膊，他低头凑到我的耳边，轻声问，准备好了吗？我微微一笑，晃了晃手中的户口页，时刻准备着。姜祁也笑了，露出八颗整齐的牙齿，老婆，领完证，我们就直奔海边买房子去！

好啊！面朝大海……吸一肚子冷风……

姜祁一个趔趄差点儿摔倒，还好倚在我身上，我支撑住了他。

有些情话从来都不靠谱，却再真挚不过。很多时候，相比情深义重，爱情更需要无厘头的痴人说梦吧。总有个人，会拆穿你强装的懂事，明白你的言不由衷。

凉薄的世界，真没几个人值得你掏心掏肺

- 01 -

参加朋友聚会，偶然认识了一个阳光爆棚的女孩。

整场聚会，天南海北几十号人，估计没人能有本事不记得她。

拼酒、嗨歌、股市、金融，只要你想聊，她通通能接下话茬儿，甚至比你聊得更通透、有见地。

只不过，看着她一个人群魔乱舞的模样，心里总有些酸楚。

一个人表现得再过浮夸、掩藏得再过完美，孤独的灵魂依旧会刺穿身体的每一个毛孔，透射出来。

慕慕探过身子，轻声说："小凌刚分手，心情不好。"

十五岁，小凌认识了男友。从初中互有好感，到高中小凌告白被拒失望诀别，小凌发誓这辈子再也不见他。再到大学时期，男友主动追求，小凌心软没出息，一个猛子扎进男友的怀抱。直到前不久，两个人彻底分手。

十年，从暗恋到明恋，从绝望放弃到真正牵手，小凌最美好的青春全部赌给了男友的忽冷忽热，无法自拔。

小凌搬出了两个人的出租屋，辗转各个朋友家，几乎过着流离失所的生活。眼看着弹尽粮绝，身上最后的钱也要用光了。

慕慕实在看不下去了。

——欠债还钱天经地义，他好意思借，你怎么就不好意思要呢？

小凌一个劲儿摇头。

——他正处于创业期，跟他要钱就等于要他的命。

可他明知道，小凌把所有的积蓄都交了房租，他住得心安理得，她却远远躲出来，像盲流似的逃亡。

有些人根本配不上你的好，你越掏心掏肺，他越不会领情，觉得你连呼吸都是欠他的。

- 02 -

两人的真正决裂始于男友的聊天记录。

一个可爱的女生头像，频频登顶男友的聊天界面。

—— 谢谢你送的包包，限量款一定很难买到吧！感动！感动！

点进朋友圈，男友和一个靓丽女生的合照几乎刷屏。

——谢谢老公的生日礼物，想要赖在这个岛一辈子，面朝大海，春暖花开。

小凌傻了，低头看看自己身上从路边摊淘来的衣服，看看手里拎的菜篮和一次次添加到购物车再删除的护肤品，彻底蒙了。

为了支持男友创业，小凌把全部工资都交给男友打理，实在没钱交房租就从父母那里撒娇讨来。小凌几乎没买过衣服，也没出去吃过一餐。

她毫不吝惜对男友的爱，即使他再窘迫，她也永远在他身边不离不弃，只要他不主动离开，她绝对不离不弃。

朋友叹息，当年风靡全校的校花，竟也有一日沦为“自此长裙当垆笑，为君洗手做羹汤”的家庭妇女。

小凌续交了半年房租，留下钥匙，不告而别。

男友再打来电话，已经是三天后了。

小凌早已经哭到麻木，从憔悴到吃不下饭到能咽下一碗清粥了。

男友在“外地”出差，甚至都不知道家里发生了翻天覆地的变化。他埋怨家里满是灰尘无人打扫，怪小凌每天疯玩竟然没乖乖等着他回家，没有一句想念，也没察觉一丝不对。

慕慕忍无可忍接过电话责骂了一番，男友沉默无语，一句都不辩解。

小凌等待了三天三夜的道歉和悔恨的泪水原来是一场笑话，换来的只有男友毫无情绪的低沉的一句：

“你真想好了吗？”

真想好了，即使还没想通，即使还执迷不悟。

把一颗完整的心交给别人，任他人随意宰割，还有什么要回来的必要呢！

- 03 -

故事讲回来，说起发起聚会的女主人。

小凌的同学，我的朋友，慕慕。

大学的时候她羡慕极了小凌，小凌生得俊俏，性格活泼开朗，人缘好到爆。慕慕却像是小凌的影子，到哪儿都跟着她，永远引不起别人的注意。

毕业后，慕慕勤奋努力，吃苦耐劳，没多久就成为优秀员工，随后跟现在的老公、当年的直属上司擦出火花，展开了一段韩剧般相爱相杀的恋情。

这是慕慕的第一次办公室恋情，而且还是跟极其专业、优秀的直属上司，多少有点不熟练。不过整个恋爱到结婚的过程中，慕慕把生活跟工作分得很清。

上司交给慕慕的任务，她从来不会利用私人感情投机取巧。在恋爱中，也不掺杂任何工作情感，不卑不亢，始终坚持双方平等独立的原则。

她分得清界限，她明白在一段感情中，一旦失去自我，紧接着就一定会失去对方。

于是在男友有房、有车、有存款的情况下，慕慕花尽所有存款付了一套房子的首付。

走出售楼大厅，手握购房合同的时候，慕慕热泪盈眶。她觉得这不仅仅是一份合同，这几张薄纸宣告着她这辈子都可以好好跟男友谈一场恋爱了。

无论多爱对方，都不至于卑躬屈膝，始终会站在平等的基础之上。

并不是说每个人都要像慕慕一样买房，但是你一定要有自己的退路。一旦有一天，他不再像曾经一样，你有选择离开的权利，更有从容开始的能力。

一定要对他掏心掏肺地好，但绝不要没心没肺地付出。

- 04 -

这世界上有几个人真的值得你掏心掏肺呢？

爱的时候天荒地老，死去活来。恨的时候又冰冷无情，恩断义绝。

处在一段感情当中，我们很难分辨那个人究竟是不是可以托付终身。可即使他真的就是那个人，也不应该以急迫换取信任，用莫名的压力攫取承诺。

你越是焦急难耐，这段感情越是牺牲得快。

真正的好，是细水长流，绝不是万箭齐发。真正长久的感情，不需要急于证明自己，也不苛求对方强烈的回应。

再等一等，时间会告诉你，那个人值不值得你全心全意。

如果他真的值得，那你就值得他去耐心等待。

不强求完美的结局，不刻意粉身碎骨，不在乎曾经拥有，只在乎天长地久。

终有一天，你一定会遇到那个值得你掏心掏肺，也把你当作自己的心肝脾肺珍惜着的人。

明天，我就要和长跑十年的男友结婚了

- 01 -

写下这个题目的时候，有些眼热，想哭。

可能因为我从来都没想过自己的人生会有一场长达十年的长跑，而且是在几乎看不到未来的情况下，眼泪还未擦干，就继续全力以赴。

我都已经历了一场十年的异地恋，本该钢筋铁骨无坚不摧，怎么此刻又这样不坚强了？

看，结婚本是喜事，是多年的夙愿，是美梦成真，可我却悄悄躲在凌晨的房间里，对着空白文档掉泪，多么可笑！

回归正题，尽管他一再否认，我仍然清楚地记得，在初中校门口那一排排整齐的停车处，他曾穿着一条大红色的裤子，迈着自信笃然的脚步昂首经过。

再见到他，是在隔壁班。他是隔壁班的班长，而我是本班的班长。

谁也想不到，从那次的短暂见面之后就再没交集的我们，竟然考入了同一所高中，分到同一个班。

他总说我们之间的第一句对话是因为周杰伦。

我激动地告知还不怎么熟络的新同学："周杰伦要来咱们这儿开演唱会了！"

而他不屑地回了一个"哼"。

可仔细想来，其实我们之间的第一句对话可以追溯到十三年前，初一的时候。我站在隔壁班的门口，尽管怯极了，却硬要端出个昂首挺胸的班长范儿。

"喂，找一下你们班班长！"

一个皮肤白皙、明眸皓齿的男孩站在门口，打量着我，微微好奇地回答："我就是。"

看啊，记忆果然是个不准确的东西。

- 02 -

以前漫步在校园的时候，宝先生总会冷不丁儿地从头到脚打量我一番，然后惊世骇俗的言论便脱口而出。

"我不娶你谁娶你？"他装出一脸嫌弃的样子，好像他不娶我，我这辈子就嫁不出去了似的。

我也不生气，只是看着他一脸认真的样子忍不住觉得好笑。

"你不娶我你娶谁？"

宝先生一怔，细细品味，好像还真的挺有道理。

可真正走出校园，走进社会后才发现，两个来自不同世界的灵魂想要融合在一起，太难太难了！

毕竟，我们终究还是要走各自的人生路。

那时候最爱雪了，每次下雪都兴奋得忘记寒冷，扎进雪堆里酣战到底。

看着阴云密布，宝先生跟我打赌。

“如果今天真的下雪，我们就22岁结婚哟！”

我和宝先生拎着各自的暖瓶，一边开着玩笑一边去吃晚饭。从食堂走出来的时候，仰面一看，铅厚的云依然笼罩上空，只不过接连不断零零落落地舞着无穷的雪花，飘向人间。

我一跃跳进雪中，蹦蹦跳跳接着雪花，宝先生在后面哧哧发笑，似乎有话要说。

回头看一眼，他盯着我微微笑，冷得瑟缩着，看看雪又看看我，眼眸亮极了。

“没想到，真下雪了啊！”

是啊，没想到！真的没想到！

没想到，下雪之约已经过去那么多年，最终还是实现了。

你还是你。

而我，已经变成了“我们”。

-03-

总有人惊讶地问，十年异地恋，你们究竟是怎样坚持下来的？

可能只有我们自己心里清楚，我们也分过无数次手。

我们像所有情侣一样，会吵架、冷战、诀别。

蹲在大街上对路人置若罔闻哭到声泪俱下，跟一只冰冷的手机和一个对话框暗自较劲儿冷战，说了一万遍分开后你一定要幸福，在黑暗里暗自落泪想着回不去的曾经和走投无路的未来。

可能，大家都会在这某个过程中坚持不下去，分手。

只不过，我们坚持的次数总比分手的次数多一次，所以才走到了今天。

如今想来，曾经那些吵到天昏地暗不得不分手的事件，如今已经变得无足轻重了。

能够记得的，只有即将分别时，他站在栅栏里面，我站在外面，到了不得不走的时刻，红了眼眶。

只有我怒气冲冲地走过大桥，心里责怪他怎么那么不守时，连按时接我这么一件小事都做不到时，却突然被一只娇艳的小玫瑰搞得破涕为笑，一瞬间什么阴霾都云开雾散了。

只有我们在校园里吵吵闹闹时，我嘟着嘴生气，不肯原谅，他却一把揽过我的腰，猝不及防地吻了上去，然后“嘿嘿嘿”地笑着，为自己的睿智喝彩。

只有意外听说他要来看我，我兴奋地准备了一周的衣服和各种零食，在出站的一瞬间，他张望着前方，寻找的目光，和瞬间绽开的笑容。

只有他吆喝了一万遍讨厌俗气的情侣衫，却坦然大方地为路边的摊主介绍“嗯，这是情侣装”时，我站在一边暗自开心。

只有当我们即将分别，到各自的城市上大学时，分别骑着单车，回头看彼此一眼，无奈的微笑和再没有什么可说，然后不得不转过头，就此告别。

- 04 -

最近朋友见到我，都说我更“女人”了。

或许吧，长发及腰，再加上各种款式的连衣裙，我确实变了。

从当年那个剪着齐耳短发，穿着黑色上衣和裤子的假小子，变成了不折不扣的小女人。

可能只有在真正喜欢上一个人的时候，才会不由自主地感到自惭形秽，哪里都是缺点，想要变得更好一点。

想变得跟他的梦中情人，再接近一点。

我不知道有多少人正在异地恋，或者说，有多少人正在进行着一场看不到光明和前途的恋爱。我想说的是，如果你真的确信就是这个人了，何不再撑一下，或许明天，就会看到曙光。

明天，我就要嫁给长跑十年的男友了。

真快，又真慢啊！没想到，我们虽是“新婚”，却已然变成“老夫老妻”了。我不知道我们的未来会在哪里，也不知道我们的未来会是什么样子。但有一点我十分确定，无论前途如何，我都会永远跟随他一直走下去。谢谢你让我相信命运，让我相信这个世界上仅存的单纯与美好。

不知道明天的我们会是怎样，但却对我们的未来充满期待。不管怎样，我想就这样！余生一起走，吃到老，玩到老。陪着你，一直到老。

第四辑

愿你与所爱相配，而不是自惭形秽

姑娘，你要活得贵一点

- 01 -

对方要付出怎样的代价，你才肯原谅他犯的错？

要问犯错的等级，大概是擦边底线，悬崖勒马还不至于摔死的程度。

反正对 Vivi 来说，大概就是一个 LV 包包的样子。

昨天还哭到寻死觅活，今天因为一个包包就冰释前嫌，不知道让她爱到“不计前嫌”的究竟是老洲，还是那个包包。

“老洲这个样子，迟早会把事情做绝，趁你还有抽身的余地，早离开早解脱。”

“我知道我知道，可是老洲这么抠的人都舍得给我买包，我觉得他是真的知错了。”

于是几年过去了，Vivi 的 LV 包包都攒了十几个，老洲依然徘徊在犯错、知错、改错之中不断地循环，兜兜转转强制“服刑”，没有一丁点儿“刑满释放”的兆头。

男人舍得给你花钱，就说明他真的爱你了？

透过她发光的眼神，就知道她爱不释手。他一边低着头一边斜睨着，从她的目光里看出了端倪，再加上那么一两句诚恳的“道歉”和“发誓”，“赎罪”自然尽在股掌之间。

第一次一旦被轻易突破，第二次、第三次，简直就是轻车熟路。女人终究会在钱的面前屈服低头，哪里需要洗心革面、花费力气做居家好男人？

于是犯的错越多，积攒下来的包包就越多。久而久之，除了一堆当时看来心花怒放如今已经落满灰尘、丢在一边的包包，就只剩下感情中的猜疑、不信任、推诿和争吵。

活得贵的女孩，没有几个人是通过名牌包和奢侈品这些附加物品获得的。

包包的单价越来越高，你在他心里却越来越“便宜”。

真正高贵的女孩，灵魂会发光。

- 02 -

前不久联系上了一位中学同学，她依然像上学时一样，平凡普通，露着浅浅的微笑。

如今她已经嫁为人妻，初为人母。

起初我有些犹豫，按照我的刻板经验，在我这个年龄，跟同学大谈特谈平凡到令人厌倦的生活，和她们一起猛烈抨击结婚生子后不自由、无美感的生活才能快速找到共同话题，找到相见恨晚的闺密感。

令人惊讶的是，她没有凌乱不堪的人生、没有无穷无尽的抱怨，反而分享了工作的收获、带娃的乐趣和进入下一个人生阶段的感悟。

没有结婚后生活大反转的剧情，没有老公把自己从天使打落凡间沦为保姆的转变，也没有生了孩子之后就卖身为奴为婢、在狭窄的人生里失去自己的戏码。

她没有昂贵的包包，没有价值不菲的腕表，我却总觉得她的眼神清澈明亮，她的生活在发光，她的灵魂有莫名的香气，让人渴望靠近。

真正活得贵的女孩，有着走到哪里都不会羡慕他人的从容和自信。

不是因为她们背了多么名贵的包包，踩着限量的高跟鞋，而是她们深知，在这个声色犬马、蝇营狗苟、物欲至上的时代，她们已然过上了自己想要的生活，获得了足够的自由，内心富足、充盈，享受都还来不及，更没有空隙羡慕任何人。

她们和真正相爱的人在一起。

她们专注自己的所长，做着可以让她们自信、骄傲、实现个人价值的事。

无关财富、无关欲望，这才是一个人活得最有价值的模样。

- 03 -

女孩总会成长到那样的年龄：羡慕着别人手里的名牌包，暗下决心，暗自努力。

曾经的我，也是这样。

似乎背上了名牌包，就能带给自己强大的气场、无限的自信，走路都仰着头，看人的目光都是俯视的。

可是到了我可以买得起的那一天，我突然觉得它们没那么耀眼夺目了。

当我通过无数努力，终于站在镜子前，打量着镜子中的自己的时候，突然觉得这一切真的没那么重要了。

它们可能会令你“瞩目”一时，满足你的虚荣心，感受一瞬间蜂拥而至的关注和投射的羡慕眼光。但等那一切过去之后，你会发现，你想要的注视终究会被别人所取代，你渴望的羡慕甚至嫉妒，只属于这个物件，从前不是你，以后也不会是你。

真正散发着高贵的气质，只属于你这个人本身的，不再是那些附加物品，更不再依附于某些人，而是你灵魂深处的笃定和发自内心的自信。

想要活得高贵，总要有一两件拿得出手的本领。

然后追随时间的脚步，不傲慢、不狂放，不拘泥眼前、不妄自尊大，既诚恳地经营现状又踏实努力地创造未来。

只要你独立勇敢、敢于追求，就不会在市场中贬值、被淘汰，就会活得越来越贵。

- 04 -

女孩，就要活得贵一点。

这样你才可以在对方恳求原谅的时候，一脚踹开用钱堆砌的诚意，你才有机会追求自己想要的生活，而不是无底线地牺牲妥协，把自己的价值榨干，围着老公和孩子打转，把他们捆绑到窒息，离开了他们又不知该为谁而活，最终走上迷茫无望的人生路。

很多人情不自禁地将自己的人生依附于其他人，成为他人的附庸。当你成为他人附庸的那一瞬间，你就开启了通向毫无价值可言的深渊，永无回头之路。当他们不再需要你的时候，除了感恩曾经，你的现在和未来将变得一文不值。生活没有高度，灵魂也不再高贵。

只有人格独立，有着属于自己的空间，你才会拥有真正属于自己的人生。

只有认真努力去创造价值、提高身价，才有资格活得够洒脱、够爽快，才有拒绝向人生妥协的权利。

无论走到哪个人生阶段，记得把自己活得贵一点、再贵一点。

多少同床共枕，沦为了点赞之交

- 01 -

早就听说发小要坐着飞机奔赴祖国的另一端，参加她大学同寝室好友的婚礼。

准备礼服、买机票、收拾行李、请假、坐飞机。颠簸了几个小时，途经无数个城市，为的就是那神圣的一刻，在婚礼时刻，发几张感动满满的照片。

很多朋友说，真到结婚那一天，你才明白：到底谁才是你真正的朋友。

好友大昔跟我说："你知道吗？我前几天刷到了冯子的结婚照，可我想来想去，我能做的就只有点个赞了。"

大昔跟冯子认识十几年，高中三年同一个寝室，上下铺的好闺密，形影不离，不夸张地说，除了做梦偶尔不在一个频道，其余时间几乎全部腻在一起，"孟不离焦，焦不离孟"的现实加强版。

说好报考同一所大学，无奈冯子高考成绩还是比大昔落了一大截，大昔给冯子补尽了课，画足了重点，还是没能挽回"毕业就分手"这个结局。

为时一个月的打工，加一个月的毕业旅行，两个人还像前几个暑假一样分享着青春。两人在布拉格广场的喷泉前哭到痛彻心扉，生怕这一分开就真的各自奔天涯了。

大一期间，两个人互相去了彼此的学校，见到了对方的男朋友；大二，各自忙着恋爱，空闲时间打个电话，互诉思念；大学毕业，在各自的城市开始了完全不同的生活。现在，连偶尔的聊天都屈指可数了。

终于等到了你人生中最幸福的时刻，可我连为你欣喜若狂的资格都没有了。

- 02 -

曾有一位男性朋友，他跟妻子青梅竹马，两人大学一毕业，就步入了婚姻的殿堂。

女孩在本该闯荡江湖的年纪，选择了做贤妻良母。四年时间生了俩娃，全情投入，把孩子教成了小神童，聪明伶俐，礼貌有加。

男孩就负责赚钱养家，每个月按时按点把工资交到老婆手里，怨言倒是一句没有，但除此之外，也再没为妻子做过更多了。

婚礼上的山盟海誓，带妻子尝遍世界美食，欣赏全球美景，通通落空，一个也没实现。孩子洗澡，没湿过手；孩子的衣服，根本不知道在哪个柜子；孩子的奶粉，不知道什么牌子。偶尔亲亲抱抱，“把玩”过后，再无其他了。

四年时间，妻子没睡过一个整觉，丈夫关切极了：“你一定要好好休息啊！”却从没在孩子半夜哭闹时，起来喂过奶，能翻个身继续睡觉，也绝不睁一下眼睛。我不知道妻子到底有多么强大的内心，才能同时带着两个乳臭未干的娃娃，在同龄人旅行玩耍的年纪，过上了不分昼夜的生活。

妻子无数次提醒着丈夫，可丈夫总妄想靠着甜言蜜语蒙混过关。

过日子才知道，找一个疼你的男人有多重要。

女孩借口找母亲帮忙带孩子，抱着两个孩子回了娘家。男孩终于放松了，和朋友约酒、打游戏，日子优哉游哉。可没想到，妻子这一走，就是一年，再次见面，劈头盖脸就是一纸离婚协议书。

无论男孩如何恳求，女孩就是不为所动。分居两年，最后连一句温柔的话也没来得及说，就匆匆签字离婚了。

男孩怎么也想不到，人生中第一个同床共枕的人，会变成连为她点赞都要三思才敢做的“陌生人”。

- 03 -

我始终相信，人与人之间的缘分是有限的。

就像是缓慢加载的进度条。一旦进度条走完，就意味着缘分已尽。

无论是亲情、友情，还是爱情，都依循这个轨迹缓缓行进。

父母和长辈前进的步伐，是我们一辈子拼尽全力也无法赶上的。可他们却穷尽一生，为我们享受更好的生活殚精竭虑。一旦走到时间的拐角，父母不得不放开我们的手，眼神混沌，重复着说了一生的愿望：“好好生活。”

友情，在漫漫人生路中随着不同的境遇流转。爱情，更是每个人的命中注定，你选择什么样的爱情，最终就会走上何种人生。当你遇到了想遇见的人，最终过上了想要的生活，愿望一个接一个地实现，缘分会变得越来越深，也越来越短。最终，我们和爱人会在另一个世界重逢，开启不同的人生。

人生总以不同的形式和不可预知的意外来宣告我们的生命进入新的

旅程。

无论是循序渐进的自然发生，还是日积月累的积重难返。

- 04 -

失去曾经拥有过的东西，一定是人生最痛苦的事情。可有时候我们发现，失去这件事，在不长不短的人生中，总是意外地不期而遇。

我们很难满足于现状，总觉得现在还可以更好。

在人生最悠闲的时光里，我们渴望着衰老；又在人生最匆忙的岁月里，怀念起过往。

后悔，大概是这个世界上最无用的事了。

非要在朋友需要两肋插刀的时候选择沉默，非要在失去爱情了才追悔莫及，非要等到亲已不在才幡然悔悟，我要对父母更好一点……

我们总在对的时间，寄托错的希冀，在错的时间，回忆那些无力改变的曾经。

总觉得明天才是最好的时光，忘记了，最需要把握的，其实是当下的每分每秒。

所以在能拥抱的当下，我们尽情拥抱；能微笑的时候，我们绝不吝啬微笑；能评论的时候，不要只轻点一赞；能赞的时候，绝不视而不见。

无论是曾经的同床共枕，还是现在的点赞之交，你在我有限的生命里，以另外一种方式永远存在着，就已经很好了。

在一起的时光里，彼此珍惜过，就无怨无悔。

永远不要高估男友对你的感情

- 01 -

热播电视剧《欢乐颂 2》伊始的那一幕，安迪在手机上敲了又敲，想要给奇点发新年祝福，手抖了又抖，最终还是一股脑儿删除，然后对着夜幕中暗涌的浪潮伤心大喊：“我想你！”

她阴郁地问包奕凡：“你有没有经历过一种感情，明明两个人很相爱，但就不能够在一起。在一起，只会让对方更痛苦。因为只有分开，才是对对方最好的选择。”

有些爱情，无论有多刻骨铭心，注定还是要分手的。

可以说，安迪是一个很封闭的人。她的封闭表现在方方面面：不喜与人结交，不喜与人亲密接触，独立自我，自己能搞定一切，从不轻易依靠他人。

总而言之，她的封闭主要表现在情感方面。

直到遇到小包总，这个能让她完全敞开心扉的高情商、高智商的小包总。

在全民沦陷在小包总的魅力的时候，我为另一个人感到难过——奇点。

善于剖析人性的奇点，与敏感的安迪，一个像火，一个像水，互相吸引却永远无交融的可能。

更多时候，不是对方不可取代，不是我们不能放手，只是我们不愿放手。我们都不愿意放弃眼前美好的风景，其实往前走一步，可能会有惊艳的景色。

就像曲筱绡对于包奕凡的评价——我更看好包奕凡，如果婚前都不能让安迪大笑，你还指望婚后让她大笑吗？

- 02 -

有个朋友叫企鹅。

她和男朋友和平分手的时候，企鹅经常找人聊通宵。从恋爱到谈婚论嫁，再到和平分手，两个人没红过一次脸，道尽了不舍与遗憾。

爱到如此深刻和刻骨铭心，拥有适婚的感情且在适婚年龄，却戛然而止了。

企鹅总结一句话：有时候分手，真的不是不爱了。

虽然是和平分手，但企鹅还是沉浸在一场悲痛的海啸当中。“海底地震”的时候恨自己为什么没能再坚持一下，为对方多做一些妥协，恨不得把自己卖了以换取永远在一起的筹码。

她一边怀念男友多年来对她的细心呵护，一边暗自发誓要洁身自好，为祭奠这段感情守身如玉——至少要过几年再谈恋爱。

她把朋友的邀约和异性介绍统统拒之门外，回报前男友比父母的焦急与期待更为紧要。

她坚信男友也和自己一样，与父母安排的相亲做斗争，认为朋友的开导和劝告通通无用：你们能明白我们之间的感情有多独一无二吗？

所以她再次见到男友的时候，震惊了——

男友结婚了！

分手不出三月，男友竟然结婚了。

简直如同当头棒喝。企鹅想不通，前不久还声泪俱下诉说着不舍的男友，竟然要完全开始全新的人生，把自己忘得一干二净了。

其实有时候感情就是这样，在一起的时候就全心全意，过去了也不要刻意追究。

因为真的，不要高估这段感情，不要高估对方。

更不要高估，这段感情在对方人生中的独一无二性。

- 03 -

在爱情中，选择一个你爱的人，还是爱你的人？

相信太多受过情伤的人都很怕再次打开心扉，害怕打开心扉就等于二次受伤。这时候，他们更倾向于选择保守的方式，选择一个对自己好的人。

你爱的，还是爱你的，归根结底就是是否主动付出的问题。

付出，不仅仅指可视范围内的有形的付出，情感的付出在一段感情中更为致命。

因为害怕受伤而选择一个爱自己的，其实就是在降低付出，同时降低受到伤害的可能性。

没有付出，就不期待回报。

毫无期待，何谈伤害？

选择一个爱你的，就能够保证感情的永恒吗？感情是这个世界上最微妙敏感的事物，再完美地刻意掩饰和装砌，都不可能被隐藏，最终会被对方全然捕获。

最后，爱你的，也会重蹈你的覆辙，不敢付出吝于主动。

爱你的，也不敢再爱了。

一份好的感情一定是双向的，不求付出与回报能够等价交换，但一定是在付出与收获感动中不断追求良性循环。

当我们不再纠结谁爱得更主动，谁付出得更多，而注重在一起时，双方都理所当然地认为付出是比回报更有成就感的事情的时候，这段感情才最轻松、惬意。

爱情，决定感情的深浅。但爱的方式，决定感情的长度和寿命。

爱不爱，重要。但舒不舒服，更重要。

请代表青春，结婚吧

四年前，七夕，仲夏夜。

生平第一次收到男友的玫瑰花，欣喜若狂。

夏夜微凉，也可能是因为我高兴到眉飞色舞，多么炽烈的热浪都抵不过我内心的沸腾。六年，等一朵花，确实花费了太久时间。

正值暑假，毕业四年后，我们又回到了那个满载回忆的校园——一中。

走过体育场，宝先生习惯性地抬头看看校园监控，我俩相视一笑。我知道，他也想起了几年前，他在这台监控下开过的无数次的玩笑：

“快走，不能给监控拍证据的机会。”

一中是封闭式高中，当然，谈恋爱也被明令禁止。在校园内，男女同行是要被视作违反校规的。监控的主要任务不是为了追查谈恋爱，但却成了我们调侃的话题。

偌大的校园，莘莘学子，人来人往。暑假，空无一人，四下寂静非凡。我和宝先生爽朗的笑声和有迹可循的回忆在整座校园里回荡。

高考前夕，我不小心把腕表甩进了小湖里。那是宝先生送我的礼物，几十块的手表数不尽的珍惜。我二话不说就要跳湖，宝先生一把拉住，把我推在身后，留下一句“等着”，有洁癖的他，毫不犹豫地摸进湖底，一把捞起手表。

我和宝先生边笑边走，在空旷的校园里尽数昔日的拼搏。

秋千和跷跷板那里似乎有两人，大人带着小孩，小孩五六岁，正无忧无虑地荡秋千，大人则背着手等在一旁。

再走近一看，竟然是我的班主任！

恍惚之间，全班同学传递一张标题为“为班头孩子起名”的纸条的趣事历历在目，记忆中的小婴儿，如今竟然长这么大了。

我高兴地叫住了班主任，他似乎也有点惊讶，随即看到了宝先生。两个男人的目光虽无电光火石，但想起班主任曾经对我们的恋情“百般阻挠”，我在心里忍不住发笑。

告别班主任，宝先生得意地说：“你的班主任心里肯定想，这俩人怎么还在一起呢？”

是啊，高中毕业之后我们便各奔东西，异地六年，通信不便，平均每个月才能见一天，不分手反倒有点奇怪。

几年前他的生日，我们因误会分手了。

没吵一句，没骂一嘴，在一条“一刀两断”的短信石沉大海后，我们就这样决然分开了，没再联络过一次，无声无息地消失在彼此的世界里。

我们坚决要分手了。

几个月一晃而过，他的生日渐渐逼近，我还是忍不住给他发了消息。再见面，那么熟悉，却又如此可怕得陌生。我不知道尴尬的气氛更甚，还是重聚的欣喜更浓。

还好我们只是庆生，吃饭、唱歌，开心一如从前。可表面越是平静，内心就越暗潮汹涌，我们终究还是没躲过大吵一架。

取好了车票，我们一言不发，各自吃着他曾经玩笑着说了无数次的“最后的晚餐”。

火车站，坐在候车区。瘦弱的胳膊，超出负荷地抱着沉重的背包。候车区人潮涌动，我们吵到无话可说，绝情到无法看对方的眼睛。

并肩而坐，却宛若天涯。

在一起那么多年，只消闭上双眼，他的笑颜顷刻便映入脑海。

盯着候车室的显示屏，低头看看手表，开车时间渐渐逼近。

脑海中翻滚着六年间从幼稚到成熟的笑颜，心里分明清晰的是上了车就将诀别的悲痛，我忍不住流泪。泪珠无声滚落，模糊了视线，余光再看不到他细微的动作和熟悉的球鞋。

突然听到身边有吸鼻子的声音。

我垂着头，带着哭腔："我不想走。"

宝先生突然站了起来，目光灼灼地低头看向我，坚定地说："走！"

我呆呆地问："去哪儿？"

"去退票。"

跟朋友聊天，时不时会被问到和宝先生的近况。我总是回答，慢慢来。

去年夏天，写了一些小段子，回忆我和宝先生的校园趣事，闺密转发："你俩的故事，得写十万字吧……女主，我就能帮你俩码出八千个回忆！"

"请代表青春，结婚吧。"

前几日得知我即将订婚的消息，朋友一激动给我发来了好几条信息。

"你们两人结婚，好像也完成了我的心愿，让我还能相信爱情。"

看到大家的留言，眼眶瞬间炙热。

突然想起几年前，我独自一人跨越大半个中国去看他的场景。拥挤的格子间，六张卧铺，全是五大三粗的老爷们儿。我一个弱不禁风的小姑娘，艰难地提着鼓鼓的背包，在上铺躺着，不敢说话。

十点，熄灯。

我紧贴在墙上，睁大眼无声躺着。两米不到的空间里，五个老爷们儿此起彼伏地打着呼噜，振聋发聩。我不由得害怕极了，不敢入睡。

窗外漆黑一片，车内也安静、黑暗。我清晰地听到车轮在轨道上摩擦着呼啸而过的金属碰撞的声响，心里有些委屈：

“我都这样了，我们到底会不会结婚？”

时至今日，一切似乎都变得格外久远。曾经或汹涌或刻骨铭心的记忆慢慢变得波澜不惊。今日，一切都已是过往云烟。

只不过怀念起彼时彼刻，竟还有或酸或痛的情愫，隐忍地提醒：若没了过去，也就没有今天的我们。

一定要嫁给那个看穿你缺点的人

- 01 -

刚上大学的时候，极爱打工。

平均每个月才能跟男友见一次面，不买一身新衣服打扮得美美的，总觉得对不起这场远程会晤。

于是，逞强爱面子，虚荣心作祟，不肯跟家里伸手要更多生活费的我，一放假就跑去兼职。顶着风雨卖过酸奶，戴着口罩煮过试吃泡面，端过盘子，清理过醉酒后的餐桌，最终换得一套崭新的洋装。

寒窗苦读的我，确实没卖过这么大的力。我骨子里要强到极点，为了赚取更高的报酬，白天真是玩儿命地促销。

暮色降临终于下班，我垂着脑袋疲惫不堪地等车回家。又是晚高峰，站了一天，腿早酸了。在车上晃来荡去，终于挨到了学校。

结果一不留神儿，我闯进了正在修护的草坪，眼皮一阵冰凉，随之而来的就是疼。我立刻蹲下捂住眼睛，再摊开手掌一看，手心赫然一摊鲜血。

害怕极了，我打上了车，奔去医院。

记得坐在出租车里的我，心里只有一个念头：我好怕，流了这么多血，会不会落下深深的疤痕。本就不完美的我，又要有更多的缺陷。我最怕的是，我努力营造的形象在男友心里不再完美。

室友安慰道："如果他因为这点疤痕就不跟你在一起，那他也真的不值得你爱！"

可是，苛求完美的我，想要在他面前变得无可挑剔的我，除了害怕，还是害怕。

我努力经营的美好，竟在一夕之间暴露无遗，我好想哭。

后来我才知道，真正爱你的人，你的缺点，只会让他更想保护你。只会令他心疼、牵挂，绝不会放弃。

- 02 -

中学时代，我是个十足的假小子。深受传统思想毒害，以性感为耻，以所谓的矜持为荣。

可当你喜欢上一个人的时候，会情不自禁地患得患失，不由自主地放大自己的缺点，恨不得掘地三尺把那些缺点深深埋葬。担心对方会因为这些缺点改变心意，不再喜欢自己。

我不知道别人会不会这样，反正168厘米搓衣板身材的我，通过网络第一次知道了木瓜这种东西。

于是，那几年，艰苦朴素的老妈买了一箱又一箱在那时昂贵极了的木瓜，给我炖汤。一边反胃一边强忍着吃了好儿箱，最后真的吃吐了，除了再也闻不得木瓜的味道，也未见任何成效。

前几日，我和宝先生骑车出去。他载着我，我忍不住来了个"back hug"（抱着背部），我看着他后脑勺儿都知道他在调皮地笑。

"喂，你能不能别用后背靠着我。"他一本正经地说。

又过了一会儿，他想出了个新段子。“咱们俩此时此刻，可以猜一个知名运动品牌。你知道是什么吗？”

“知道啊！”

“是什么？”宝先生笑着问。

“kappa 啊，背靠背！”

“哈哈，原来你有自知之明啊！”

其实，当一个人真正喜欢你的时候，根本不会在意那些所谓的缺点。说白了，就算你是个不折不扣的屄包，对方也不会因此轻易放弃这段感情。

在一段真感情中，那些小小的缺点，根本改变不了他爱你的既定事实。

生命中还有更多值得追求的美好，何必在这点小事情上死磕，跟自己过不去呢！

- 03 -

几年前，听李玟讲过自己的故事。

她跟现在的老公认识时间不长，感情不算稳定，心也没有完全落定，在旅行的途中，李玟一不小心着了凉，拉肚子。

可就在那天晚上，她决定：我要嫁给这个男人。

在那个隔音效果不太好的房间里，窄小的空间，李玟强烈要求男友捂住耳朵，不想让他听到有关她任何不优雅的声音。男友笑笑说没事，并且体贴入微地照顾李玟。这让想要在男友面前保持完美女神形象的她，彻底感动了，并当即决定，就是这个人了！

李玟一向以性感天后著称，是无数宅男宅女心目中的女神，难免会有偶像包袱。但天后也是凡人，能够跟李玟共度一生的人，绝对不会只爱上荧屏上那个光芒四射的她。

如果有人爱上了你雷厉风行、脚踩高跟鞋仍健步如飞的瞬间，那他一定不是真的爱你。真正爱你的人，会心疼你飞奔时流着血痕的脚后跟，举着一双平底鞋吆五喝六地命令你赶紧换上。

有时候爱情来了，就是这么简单。你很介意的事，对方可能并没有那么在意。你认为天大的缺点，在对方看来可能根本不值一提。

真正爱你的人，绝对不会只爱你最美好的一面。人无完人，没有人是完美无瑕的。况且，每个人都有缺点要别人去接受，又怎能要求别人是完美无缺呢？

和一个人天荒地老，是因为对方的优点。但绝不会因为对方的小缺点，就放弃彼此的人生。

你的优点，从来都不是我深爱你的最大理由。

同样，你的缺点，从来不妨碍我深深爱着你。

- 04 -

在网上看过一句话：

为什么谈恋爱容易，结婚却很难。

——因为恋爱是和一个人的优点谈恋爱，结婚却要和这个人的缺点相伴一生。

很多人找我诉苦，结婚后，老公越来越不爱我了。

结婚前，画着精致的妆容，踩着恨天高，不说性感到极点，那也是最美丽的自己。结婚后，可想而知，怀孕后身材走形，哺乳时期不能化妆，带孩子到眼圈发黑。虽说当妈妈是一个女人最性感的瞬间，可又有多少男人能真正体会到这一点？

人，无性别之分，都是视觉动物。我们没办法克制对方的爱美之心，人天生就会被更美好的事物所吸引。

所以，遇到那个爱你精致妆容，也爱你素面朝天的那个人，就嫁了吧！

真正可以与子偕老的他，一定看穿了你的逞强，心疼着你的脆弱。

真正可以共度余生的人，早已认清了你外表精致，内心脆弱。

凭你鼻孔朝天如何逞强，他还是会一把推开你，镇定自若地说，放着我来。

我多想再爱你一次

- 01 -

在我们的印象中，韩剧是狗血的，车祸、绝症加擦肩而过，无论男女主角爱得如何痛彻心扉，它总拥有着过分曲折的情节，让两人不能顺利地在一起。

大家似乎看穿了韩剧的套路，不屑一顾地预测结局。

可如果说，生活远比韩剧更狗血呢？

晴子和陆远是朋友圈中最胆大的一对，不是因为他们的爱情多么惊心动魄，而是他们敢爱。一进中学大门，他们就四目相对，火花四溅，开启“早恋”的闸门。在那个年代，中学就敢忤逆老师和家长，公开谈恋爱的，可以说全城十几所学校几千人中，也就这么一对了。

独生子女的家庭，孩子大多被家长宠坏，很难学会站在他人角度考虑问题。再加上年纪小，情窦初开，谈恋爱似乎变成了开玩笑，什么永远在一起，结婚？简直是天方夜谭，遥远到虚无缥缈。

可令我们震惊的是，陆远，这位全校闻名的大少爷，竟然拜倒在晴子的石榴裙下。他对晴子的无限宠爱，让我们瞠目结舌，更准确地说，是羡慕不已。

晴子胃口不好，他就跑到医院给她拿药；晴子不爱喝热水，他就把水晾温了，亲自端到晴子的手中；放寒暑假，他会跑到晴子家楼下，只为看她一眼……晴子习惯了陆远的好，她似乎没有意识到自己俨然被宠成了小公主。

在我们羡慕的目光中，他们越来越幸福。

可谁也不知道，这段幸福会毫无征兆地戛然而止。

- 02 -

晴子甚至没有见到陆远的最后一面。只是从同学的口中听说，从他父母哭得痛不欲生的样子中不得不相信，从那张某天突然空了的书桌中恍惚意识到……

陆远走了，再也不会回来了。

她甚至不曾说一句“我爱你”，他就从她的生命中消失了，毫无痕迹。除了哭得昏天暗地的父母和那些落满了灰尘的课本，似乎没什么能证明他真的存在过。

疾病就像飞来的横祸，他来不及跟世界告别，就匆匆离去。

她暗自下了无数次决心，等下次陆远说“我爱你”的时候，她一定不再羞涩地岔开话题，而是大胆地回应一次“我也爱你”。下次陆远再来看她的时候，一定不能像昨天那样，怕父母看到、恋情暴露，就匆匆忙忙赶陆远走。

可事实上，有可能，我们真的不会有“下一次”。

骤然分别，千言万语如鲠在喉，说不出，也难以下咽，只能硬生生地卡在胸口，如同咀嚼一块磐石，在无数个白昼和夜晚艰难地消化。

很多年过去了，晴子每逢节假日都会去探望陆远的父母。经过漫长的岁月和时间的抚慰，父母已经从壮年走入迟暮了，时光刻下了皱纹，也将笑容重新还给了他们。

好像，我们过得都还行，跨过悲伤的鸿沟，生活仿佛波澜不惊。只不过那些笑容里，似乎还藏着谁的影子。

只是晴子在讲述这一切的时候，噙着眼泪，眼圈微红，真挚地说："如果他还活着，我们今天可能还在一起。"

- 03 -

我们总觉得，悲剧终归是悲剧。就算不是韩剧，那也是别人家的事，跟自己距离十万八千里，八竿子也打不着。

听朋友讲过这样一个故事。

张张和大荧结婚后，算是幸福快乐，只不过家里经济不太景气，感情再好，气氛多少还是有些阴郁。

还房贷，每个月 2000 元；孩子入托，每个月 1500 元；赡养父母，每个月 500 元；小两口省吃俭用但生活费最少需要 1500 元。这还是在没有同学结婚，不用给朋友孩子过满月，不下馆子，不买新衣服的情况下，紧巴巴地过上一个月。

"贫贱夫妻百事哀"，夫妻两人很恩爱，但免不了为钱生气。两个人可以吃菜喝粥，勒紧腰带再挺挺，但孩子的营养必须跟上。

在长久的忍耐中，两人爆发了第一次"战争"。大荧委屈到声泪俱下，声音嘶哑地道着生活的苦水。丈夫看着妻子哭得心痛，自己却无能为力，再加上嘴巴比较笨，只能暗暗骂自己没本事。

一气之下，张张甩门而出！开上租赁公司的出租车，绝尘而去。

当她再次看到丈夫的时候，是在医院。

睫毛上点点血渍，浑身沾满着土，颜色已经变暗的大片血痕，身上的衣服又破又脏。他安静地躺在那里，唯一证明他还活着的是床头跳跃的心电图和氧气罩上若隐若现的薄雾。

妻子从没想过，他们爱了那么久，最后一次面对面认真说话竟全是吵架和怨恨。

丈夫就像往常一样，面对妻子撕心裂肺的哭闹，沉默着，从不反驳一句。

- 04 -

生活就是这样，变故猝不及防。

我们曾以为生活就像茫茫无际的海面，波澜不惊且缥缈无垠，永远都看不到时间的尽头，也习惯性忘记珍惜身边的人和事。

当一切理所当然的或美好或相濡以沫的时刻骤然停止，我们根本无法相信。

我爱生活，是因为生活里有你的音容笑貌，是你让无聊的生活变得丰富多彩，你是我想活得更加精彩的唯一原因。

我恨生活，但我庆幸是和你携手共同奋斗，在这个世界上，你是唯一给了我坚持下去的动力的人，是你让我明白即使前途未卜，我仍需充满希望。

可是一切都变了……

那些难熬的生活，突然就没了方向。那些无聊漫长的时光，一瞬间被黯黑的前途包围。看不到出口，也迷失了未来。

就像突如其来的黑暗，就像寒冷骤然降临，不给人任何喘息的机会，让人窒息。

我多想再爱你一次！多想告诉你，当你小心翼翼为我掖上被角的时候，当你帮我挤好牙膏的时候，当你轻轻捏着我的脸告诉我要多喝水的时候，当你偷瞄着我便忍不住微笑的时候，我多想告诉你，我真的好爱你！

可是，生活总不能将美好无限延长，总在短暂的幸福过后，给一个让人错愕的“可是”。

最痛苦的是我再也不能，没有机会，不可能，没办法了……

如何扎心挠肺，也是枉然，只剩无奈了。这时候我们才懂得，什么叫作珍惜，什么叫作束手无策。

别把身边最亲最近的人当成坏脾气的垃圾桶，那句“我爱你”也别只在心里悄悄说。

愿我们永远没有那天，痛不欲生地哭喊着，却只能在心里说：我多想再爱你一次！

最后，我们沦为彼此的绝口不提

- 01 -

很多年前，很多次问自己：

分手了，还能做朋友吗？

对于我来说这是不可能的。因为我会一次又一次地爱上。因为爱的时候不是一时冲动，分手也不是一时赌气。若是好聚好散地分手，就彼此祝福，互相忘怀，各自安好吧。

萧萧分手，我大概是朋友圈里唯一一个知情者。几年的恋爱，从一见钟情到后来无穷无尽地折磨，周围的朋友都觉得疲惫不堪，更别提萧萧，大家都希望她早日脱离苦海。

“别再跟我提你们的事了！”朋友连听都觉得耳朵要生病。

“你什么时候分手，咱们什么时候再做朋友！”朋友看着她从傲娇变得颓废，从开朗变得满脸愁容，狠了心逼她分手。

不管一份恋爱，在最初有多么美好，都禁不住一次次地互相伤害。就像是一双洁白无瑕的球鞋，刚上脚时会小心翼翼地躲闪，被踩一次会心疼地洗，踩两次依然会当作新鞋，踩无数次就会变得无所谓，连瓶84消毒液都不值得付出，连无奈的轻叹都不值得给予。

爱得愈深，忧患就愈深刻，不安就愈沉痛。连爱这件事，都带上了悲伤的影子。

- 02 -

萧萧在悲伤与残存的、过分确信的信念中，分手了。

她整理出一大箱的“关于前任”，第一次旅行的车票、他亲手做的礼物、周年纪念、照片、信和他录的情歌。一纸箱的回忆，无人问津，无处安放，灰扑扑的尘封的过去，和无法继续的未来。

舍不得丢掉，也再不能保留。

丢掉，就要删除最幸福的生活。踏入大学校门时，他接过自己手中的行李箱，站在阳光下微笑；搬出宿舍的那晚，他打着车，举着两瓶矿泉水，冲她招手；被公司录取时，他高兴地抱着她原地转了好几圈……

保留，那满溢的无法忘怀的回忆，分分钟冲破防线。让她不敢提、令她朋友不敢提的那个名字，操控着她的大脑，让她再做最后一次尝试。

可其实，这最后一次尝试，已经做了无数次。

不爱了，没能治愈她在爱情里受的伤，更像是说服她离开这一切的理由，一次次重复，就能变成真的不爱，就能真的不爱。

不提了，似乎也只有绝口不提，才能让自己相信，自己真的已经忘记了他。不是错觉，更不是逃避。

无论幻想过多少次，你在游戏里厮杀，我在一旁静静翻杂志的画面，幻想了一万次拎着你的臭袜子扔回你的脸上时解气的笑，大声喊着你的名字质问，刚刚摆好的拖鞋又被踢成了五行八卦阵。

一切“马上就会实现”的未来，都在萧萧拎着箱子走出家门的一瞬间覆灭。

从此，曾经的挚爱，没有再提起的意义。

你的名字，也沦为绝口不提。

- 03 -

我们都再也没提过他的名字。

无论是知道他们分手的真相的我、渴望她能真正幸福而赌气着刻意不提的她们，还是刻意隐瞒自己已经和这个名字不再有任何关系的她。

他就像消失了似的再也没出现在萧萧的面前，我们也集体失忆了似的选择缄默。

几个月过去，我们都以为萧萧已经走出了失恋的阴影。

直到那次 K 歌。

当前男友最爱的歌曲的前奏慢慢响起时，萧萧像瞬间失了魂，眼泪像决堤般扑簌簌地落下，没有抽泣也没有哀号，抗拒着却滚滚而落，像是承载着这许多年的爱与恨，暴雨般沉默地呐喊。

无论曾经是如何折磨，他们依然深深相爱过。

彼此的未来互相捆绑，混作一谈的未来和幸福，有一天竟会变成天各一方的两个世界、两种人生、两份幸福。

爱到最后，他们连随意提起彼此名字的资格，都不再拥有了。

不久前，不爱分享生活的他在朋友圈晒出一组照片，背景是碧海蓝天、白云与海鸥。出于最后的祝福，在萧萧的点赞头像后，我们也纷纷点赞。

那是他的婚纱照。

然后，退出微信，退出你的生命，退出我们的生活。

退回一个人的世界。

真想一夜长大，但更怕父母等不及啊

- 01 -

一叶知秋，今年的秋天太过短暂，似乎不曾过度，我们便从烈焰跳进了冰雪王国。寝室很冷，我盖着厚厚的两床被子，才能安稳地进入梦乡。

凌晨五点，黎明破晓之前，我挣扎着从梦魇中逃脱，最后蒙眬着醒来的时候，呼吸急促，发现竟有两行清泪，转过身，掖好了被角，才又缓缓睡去。

我梦到爸爸得了老年痴呆症（阿尔茨海默病）。

还好，这只是个梦，还好，虚惊一场。

反正也睡不着了，干脆起床，裹上厚厚的羽绒服，闯入清静的初冬之晨，踏上了回家的火车。

写字之初，我就想过要写关于父母的事，每次打开文档，构思好久，却不知从何下笔。

父母都是老实巴交的上班族，有着典型内陆人的短视，从未祈祷过儿女能做出多么惊天动地的伟业，只希望我们幸福平安地过一生。

随着在外上学的时间越久，心里对家的念想，就越深刻、沉重。

父母老了，而我却正年轻。我担心他们被电话诈骗，怕他们买什么所谓的保健品。老两口辛辛苦苦、抠门儿了一辈子，如果真的被骗，不知道该有多伤心。

担心越甚，就越是爱往坏处想。

曾经急着长大，却从未想过，自己一天天长大就意味着父母一天天变老。

终于有一天，我们真正可以做到顶天立地，不再需要他们的时候，他们就真的比整个世界还老，真的，再也做不了像山一样伟岸的父母了。

- 02 -

类似的噩梦还有很多，可我从未对任何人提起过。

看《爸爸去哪儿》，忍不住想一个问题：小时候，我们会因为想念父母哭鼻子，可等我们老了，也同样会想念着在外拼搏的孩子，暗自伤心落泪。

可我们是否会想念父母想到流泪，似乎很少有人提及。

这大概是一种传承，也是成长的代价吧。

妈妈在家，我从来不会收拾衣橱。每次临出门之前，会突然想起某双鞋搭配今天的衣服会很好看，于是经常站在门口问妈妈我的鞋在哪里。

妈妈笑着骂我："邋遢鬼，自己的东西都不知道在哪儿，一出门就喊我。"一边唠叨着，一边跑去给我找鞋子了。

等我回家的时候她对我说"别人看到我玩微信，说我很潮"的时候，脸上禁不住挂上了一丝得意的笑。

有时候，父母更像小孩子，渴望被需要，也需要被照顾。

孩提时我们牙牙学语，一个词父母可以教我们千百遍，当我们终于脱口而出的时候，他们鼓掌欢呼，欣喜如狂："真聪明啊！"而今天，我们教父母使用智能手机的时候，难免会有一丝的不耐烦："这么简单都不会……”

天知道，作为子女，我们的耐心有时候真的被狗吃了。

后来我才明白，父母与子女之间是相互需要的。

当有一天，我们真的强大到再也不需要父母任何照顾的时候，这对他们来说，是无比残忍的，简直是剥夺了他们生存的意义。

试想一下，从臂弯里的婴孩，到背着书包上学、结婚、带娃……父母始终扮演着我们人生的配角，在我们需要的时候，他们牵着我们的手一步步往前走。等我们长大独立了，他们又主动退位，为我们做饭、洗衣、带娃，却毫无怨言。

他们始终像神一样守护着、照顾着我们，可从没想过有一天，我们不再属于他们。

有时候，别太急着长大，再要赖撒娇一次，让父母再多一份被依赖。他们生活的意义和被需要的满足感，才是他们热爱生活的重要原因啊！

- 03 -

前段时间看贾玲怀念母亲的小品，我第一次哭到不能入睡。

几年前，我看过一期访谈节目，主持人李静谈及贾玲母亲突然离世，说了这样一段话：活着的人要学会去快乐。在逢年过节的时候，在合家团聚的时候，我越有钱，我越拥有得更多，我内心越无法真正快乐起来。

贾玲的回答至今萦绕在我的脑海，她说，就是这句话，无法真正快乐。我有时候躺在床上的时候想，我妈妈要在的话，我给我妈买大房子，给她买好车，带她去泰国旅游，然后让她看看暖气是什么样，我们南方那边没有暖气，冬天让她住到上火流鼻血，让她吃好吃的、吃鲍鱼。好想跟她分享啊，可是没有办法……

我们只想着，一定要衣锦还乡，做父母的骄傲，必须混出个人样，才有脸回家面对江东父老。但有一天拥有这些的时候，却无法让他们享受了。

二十几岁，我们被“成功”和“未来”蒙蔽了双眼，总渴望再拼命一把，妄想获得更高的收入、拥有更高的社会地位，把大把时间和精力用在了闯荡和拼搏上，却忽视了身边最需要陪伴的人。

我们都想一夜长大，做出些成绩，好让父母可以为我们骄傲、自豪。可真正等到我们成功的那天，父母却早已经老了、早已看透了人生，他们要的是可以陪伴的子女，而不是终日在外拼搏见不到面的孩子……

我们都没有想过，有可能错过的陪伴再也不会重来，错失的时间再也弥补不回来。

我们怕来不及优秀，但更怕让父母孤单。

子欲养而亲不待，别让明日复明日，成为终身的遗憾。

遇见你之前，我不知道什么叫“㞞”

- 01 -

有没有那种感觉，从前你是个傲娇的小公主，从不低头走路，从来都是斜眼看人，从来没服过谁。就算心思细腻，外刚内柔，也从不表现出来。

但是突然有一天，你遇见了一个人，让你收敛了光芒，想要从宇宙降落到尘埃，一下子患得患失，从倔强到卑微。

不管你有没有，我有。

我是个从小留着“板寸”长大的女孩，什么是“板寸”呢？就是头发只留一寸，根根冲天，向苍天宣誓我的霸气。小时候只懂什么叫作酷、帅，从不懂什么知性、气质，也不屑于知道。

就这么成长了十几年的假小子，突然听到班上某个男生听着《中国话》一声声感叹道：“我好喜欢Hebe的发型啊！”一到周末，我就奔去理发店，找到专业的造型师，连拉带烫带吹，折腾整整一个下午，然后，高中三年一直留着那些年最流行的“沙宣头”。

遇见你后，我彻底认㞞了。

坚守了十几年的堡垒，顷刻碎成渣儿。

坚持了十几年的审美，分分钟崩塌。

总有那么一个人，让你心甘情愿地做他想做到的事，你最大的快乐就是帮他实现梦想。

至于你的梦想是什么，早已抛在脑后，他的梦想，就是你的梦想。

- 02 -

当然，这是爱情，但绝对是盲目的爱情、迷茫的人生。

初恋，根本不懂爱情。

那时年幼无知，想当然地认为，我绝对不会嫁给一个不认可我的人家，就算有一丁点儿的质疑和犹豫，我就能毋庸置疑地转头就走，任何不是发自内心的认可，都绝不容许。

随着年龄的增长，我们关系的稳定发展，恋爱战线的拉长，我对结果的渴望，对未来的幻想，我从傲娇一步步变㞞。

是啊，你究竟有哪点值得对方毫不犹豫地认可呢？

虽然从小学开始，一路担任班委直到大学，老师赏识，获过不少荣誉，但我深知成绩一直处于中游水平，这是尤其致命的一点。再加上没有雄厚的家庭背景，也没有倾城美貌，甚至性格过于直肠子，是个有些呆萌的耿直“girl”，未来那么遥远，我拿什么给对方信心？

人生第一次发现，认㞞其实也不是一件绝对的坏事。认㞞，其实是更加客观地认识自己，不过分依赖外来评价，受到外界的干扰。

认㞞，是成熟的开始，是自己跟自己较劲儿，是发生改变的开始。发现问题，是解决问题的第一步，也是我为了爱情变得越来越㞞，越来越好的第一步。

如今想来，有一个值得你甘心变㞞，也肯为你缴械认㞞的人，是一件多么可笑又值得庆幸的事。

- 03 -

认㞞，是一件比暴富还要难的事。

所以在认㞞和不认㞞之间，明确地划分出两类人：一类就是我这样，打不死的小强；一类就是桀骜不驯，却不肯承认自己多少有点㞞的人。然后，在现实的一次次打击和各种不理解和不宽容下，变成了典型的自卑心理。

最强烈的自卑，大抵来自对未来的前途未卜吧。

有些人把自卑看作人生最难以跨越的坎坷，本不那么强大的自卑一步步把你吸了进去，进入一个怪圈。外界异样的眼光再次强化这种心理，最终变成了恶性循环。

有些人则把认㞞当作奋进的动力，说白了，成功的人多少都有点“不要脸”。想要变得更好，不要脸的精神还是要有的。

战胜人性中任何一个弱点，都是极其不易的事。如果此时你没有强大的动力转化这种负能量，也没有一个值得你认㞞的人来支撑着你，让你拥有披荆斩棘的能量，那很可能，人生就这样沦陷了。

认㞞，是战胜自己的开始，是创造未来的开始。

遇见你之前，总渴望着诗与远方，总想着周游世界，每天睁开眼就能看到不同的天空。

遇见你之前，挑战极限，勇闯天涯，生怕生命不够刺激、灿烂，不断提醒自己，活一次就要洒脱。

遇见你之后，我变得小心翼翼。爱上你后，我彻底㞞了。真怕，你的世界没有我的存在，那每一分每一秒，都将变得毫无意义。

能和你一起慢慢变㞞，真好。

能和你一起慢慢变得自信、乐观，真好。

第五辑

人生究竟要走多少过场，才能过想要的生活

假装不爱你，是我做过最勇敢的事

爱你，是我做过最美妙的事。

-01　相遇是世界上最美丽的事-

阿未和李煜的相遇是如此梦幻，让阿未有种瞬间穿越到漫画的感觉。

把一本厚厚的书抽离书架，透过缝隙看到李煜精致无比的脸庞。她经常在学校的各个重要场合见到他，这么近距离，还是第一次。

他正在看书，漫不经心地靠在书架上，纤长的手指轻轻翻页。眼眸低垂，阳光透过玻璃窗，斜射在他的脸庞，长长的睫毛灵动极了，一闪一闪地好像偷走了阿未的心。

阿未屏住呼吸，生怕喘息声太重惊扰了这棵犹如天人的校草。阿未捂住这颗狂跳的心，透过缝隙偷偷观察着李煜。

原来他爱看古典文学，怪不得校报上经常有他的作品。有颜、有才，再加上勤奋努力，李煜呀李煜，这不是断了其他男生的活路吗？

搭讪，还是偷窥？阿未心里的两个念头纠结了半天，深吸一口气提到嗓子眼儿，就在鼓足勇气迈步的那一瞬间，突然泄了气。尝试了一百次，阿未终于要放弃了。她恨自己没用，抄起一本《诗经》重重地砸在头上，“啊”的一声痛得轻呼出来。

活该啊！搭讪的勇气都没有，辜负了今天用尽偶遇男神的洪荒之力！

阿未揉着发痛的额头，暗骂自己没有勇气。算了，注定跟男神无缘了。她已经打定主意就此放弃了，抬头看他最后一眼就拜拜，可是……这一抬头，急得她跳了起来！

男神不见了！

-02 暗恋那么深，告白那么难-

伸长脖子东张西望，还是不见他的身影。看来男神已经摆驾回銮了。

阿未失望极了，打算离开图书馆，一转身不小心撞到了什么人。阿未刚想说对不起，一抬头惊得差点儿晕过去。

“你……我……”竟然是李煜。他正在仔细地看着她。

“你是不是上次校园歌手大赛的亚军？你叫阿未吧？”李煜竟然记得她？！她参加比赛，他恰巧是评委。当时比赛历时一个月，她常常偷偷地看他，却始终没勇气上前搭话。比赛结束至今已经八个月了，一直懊悔不已。

“原来你也喜欢古典文学啊！”李煜指着她手里那本《诗经》。

“啊，是啊，呵呵……我喜欢。”总不能告诉他，这本书是为了砸头让自己清醒的吧！

“你上次唱得很好啊，其实我觉得你应该得冠军的……”

阿未的大脑一直处于蒙圈状态，糊里糊涂地回答着李煜的话。交换了电话号码，还不小心拿走了李煜的可乐，跑了二十米之后发现手里多了个东西，又急匆匆地跑回去还给他。一路小跑着回到宿舍，一颗心仍然扑通扑通跳个不停，一口气干了 500 毫升的凉白开，才渐渐缓过神来。

真的是李煜吗？那个遥不可及的男神，竟然记得她，一个默默无闻的小女生。而且他如此和蔼可亲，更震惊的是，他觉得她该得第一名，天哪……

不知是有意还是无意，两人在图书馆偶遇的次数越来越多了。渐渐地，两人开始一起去图书馆的咖啡角，一起去食堂吃简餐。李煜带着她抄学校的近路，跟她讲学校里鲜为人知的奇闻逸事。

曾经高高在上的他，似乎也不再那么遥远。曾经以为的不可能，总有一天都变得可能。

- 03　为了你，我愿意迈出第一步 -

暑假到了，两人每天通过网络分享着彼此的心情，像是从来没有分开过。

直到有一天，李煜的短信以“宝贝”二字开头。他们就这么顺理成章地在一起了。阿未开心得翻来覆去，折腾了好几个晚上不睡觉，却不敢像李煜那样随心所欲地表白。

“我喜欢你”这句话，练习了无数遍，却始终未曾说出口。

临近开学，终于快要见到男神了，阿未一直激动不已。最重要的是，她准备了一个大惊喜。阿未托了无数朋友，终于从国外买到了典藏版的猫王专辑，准备送出作为恋人的第一份礼物。

阿未满心欢喜地摆弄着专辑，一会儿摆到床头，一会儿摆到书架上。她幻想着他们相遇在图书馆的那一天，收到这份礼物，他会不会特别开心，开心到给她一个吻？

阿未把头埋到手里，害羞得满脸通红。

爱情就像糖果，含在嘴里时不敢深深品味，生怕用力过猛就会化掉；回味的时候似乎香甜犹在舌尖，意犹未尽。

李煜其实早就对阿未有着深刻的印象。校园歌手大赛，跟每个系的荣誉生死攸关，所有人都想尽办法讨好评委，急功近利，想要得奖、拿名次。唯独阿未，经常第一个来彩排，最后一个才走，休息时间不是记歌词就是练唱功，从未跟评委套近乎说好话。其实在他心里，她歌声里自带灵魂，第一名非她莫属。只不过势单力薄，综合其他评委意见，最终阿未得到了亚军。

所以透过书架的那道缝隙时，李煜一眼就认出了她，也看出了她的慌乱和渴望。如果她不敢迈出第一步，他何不先向她走近一步呢？

李煜站在两人初遇的书架前，拿着一本她心仪已久的乐谱，想象着她惊喜和感动的脸庞，不禁笑出声来。她一定是满颊红晕，又开始吞吞吐吐了！

许久，阿未还未出现，李煜已经喝了三杯咖啡。夕阳渐渐斜射进来，金色的阳光如同水波铺散在桌面上，给乐谱裹上了一层金色外衣，显得分外耀眼。

阿未始终没有出现。

更令人震惊的是，阿未彻底消失了！

- 04　错过，就等于失去 -

李煜要结婚了。他通知了亲朋好友，也给阿未发了一条短信。

与其说是给阿未发短信，不如说是给那个号码发短信。自从阿未消失后，那个号码始终处于关机状态。没有停机，没有回过短信，也没回过电话。

那天李煜没等到阿未，就打电话找她，到寝室找她，慌乱中被宿管阿姨告知："阿未啊，今天一早就收拾行李退宿了，她已经办理退学手续了！"这一场还没真正开始的爱情，以阿未的不辞而别，画上了一个句号。

五年时光，李煜找了她很久。但找着找着，心底似乎认为她这辈子都不会再出现了。毕竟她从未亲口说过喜欢他，也没做过任何可寻觅痕迹的表白。

李煜结婚那天，阿未出现了。

新娘挽着李煜的臂弯，温婉地微笑着，感谢亲朋好友的祝福。李煜举着酒杯，一口干了。他不知道是恨她当年的不辞而别，还是恨她在今天这样的场合出现，在他心里荡起一层层的涟漪。

席间，阿未开心地吃着菜肴，跟老同学谈天说地，似乎从未离开过。这突然让李煜想起了多年前，自己在练习室里休息，突然飘来一首令人动容的歌曲，他悄悄直起身，看到一个曼妙的背影，随着音韵摆动，就像有着强大的磁场，让他一下子沦陷了。

李煜不动声色地坐到她的身边，就像多年前在图书馆一样，突然站在她的面前，让她吃了一惊。

这一次，他不知道该说怎样的开场白。阿未敬了他一杯酒，平静地微笑着。

原来，临近开学的时候，阿未的父亲突发车祸，酒驾撞人致死。父亲被单位开除，母亲做了二十几年的家庭主妇，家里一下子没了经济来源，还欠了一屁股债。原本幸福美满的家庭从此天翻地覆，再也回不到从前了。

阿未家里的房子拿去做了抵押，一家三口只得搬回老家，寄居在爷爷奶奶家里。后来父亲又重新开始工作，阿未也做了县里中学的一名老师，近几年家里的情况才渐渐好转。

李煜又心痛又自责，怨了她这么久，原来她过得如此辛苦。

“你为什么不告诉我呢？”他鼻子一酸，还是忍住了眼泪。

“因为我们当时关系不算明朗啊，我们都没有解决问题的能力，我何必让你徒增烦恼呢？”阿未淡淡地说，仿佛在讲着别人的故事，没有一丝伤感。

“可我早就把你当成我的女朋友了啊……”李煜想起往事，心里一阵痛楚。

“可是我没说过我爱你啊！”阿未淡淡地笑笑，“我又重修了本科，今年已经考上研究生了。祝贺我吧！”

当年那个纯纯的、天真的阿未突然又浮现在李煜的眼前。他假装检查着演出的话筒线，余光看到了正在偷偷望着自己的阿未。她身穿纯白色连衣裙，长发随风飘荡，是那么天真、那么美好。他窃喜，原来她也在注意着他。

新娘挽着新郎的臂弯，笑得甜蜜幸福，夫妻俩为每一位到来祝贺的朋友送行。

阿未笑着摆了摆手，就这样头也不回地汇入了熙熙攘攘的人群中。

李煜望着她消失的地方渐渐出了神，突然口袋一振，他点亮屏幕，是一条短信。

“假装不爱你，是我做过最勇敢的事。”

“毕业快乐！”“分手快乐！”

-01-

如果毕业注定着要分手，你还会义无反顾地爱上那个人吗？

或许会吧，毕竟在爱情开始的时候，没有人想着要结束。

如果说毕业是爱情的分岔路口，有人向南，有人向北，那么RURU和塔南，一定是那对即使背向而行，也绝不会放手的命中注定。

至少，大学四年，RURU和塔南是最棒的搭配，是老师眼中的爱情模范，是同学眼中的最佳情侣。

即使全校的情侣都分手了，RURU和塔南也会微微相视一笑，携手共同走进美好的未来吧。

散伙饭的气氛很尴尬，已经分手了的和不敢提及这个敏感话题心里却比谁都清楚，各自回家后，拖得再久也还是要分手的情侣，沉默或是强颜欢笑着，不敢询问对方的安排，也不敢轻易说出自己对未来的打算。

生怕那个未来里，果真没有自己，坐实分手的事实。

当分手的原因，被冠上“毕业”二字的时候，和平日里任性耍赖、厚着脸皮哄对方开心完全不可同日而语，几乎不可调和。

毕业，可能意味着再也不见。可能意味着，再无和好的契机。

RURU 和塔南破天荒地第一次分别坐在一张桌子的两端，偶尔偷瞄对方一眼，却始终不肯主动说一句话。因为工作属地的不同，RURU 和塔南可能也面临着不得不分手的现实。

或许吧，毕业后，我们可以接受一场异地恋。

但经过毕业这场成人礼后，我们很难接受时间和空间的阻隔。

- 02 -

RURU 生平第一次喝醉失态，塔南生平第一次痛哭流涕。

从各自偷瞄到不小心撞到对方的眼神，再到借着酒劲儿坐到一起，碰杯、交杯，互相询问各自工作地的住宿是否已经安排稳妥。

RURU 和塔南从最初了解到彼此可能会签到不同的城市，无法要求对方牺牲前途，来通过这段感情最后一次也是最关键的考验，到今天为止已经暗自消化了太多不舍和难以面对。

幻想中的一座小房、一辆小车、一条狗的两人世界，像是隔了砂纸一般，随着毕业时间的临近，被打磨得越来越模糊。

看着塔南通红的眼睛和随时都可能溢出来的眼泪，RURU 突然想通，即使异地恋再艰辛，她仍想勇敢最后一次。

比起永远失去，可能会无比艰难的远距离的拥有仍然是万分值得期待的。

“塔南，我们结婚吧。”RURU 在一片嘈杂中听到了自己的声音，她不敢相信自己的耳朵，却因为这个声音更加坚定了跟塔南永远在一起的信念。

塔南的眼泪再也止不住地滚落下来，然后微微点头。

没有隆重的婚礼仪式，没有昂贵的钻戒和蜜月旅行，塔南和 RURU 领了结婚证后，就各自奔去了不同的城市，开启全新的人生。

如果爱情是毕业巨浪里不得不经历的大浪淘沙，那么RURU和塔南就是偶然又必然的漏网之鱼吧。

注定要分手的人，即使没有毕业作借口，也仍会有一万次“毕业”作为分手的契机。

不会分手的人，无论经历多少次“毕业”和离别，最终也会永远在一起。

但即便分手了，也无须自责或是责怪，这终究是一场最值得祭奠的青春，最难忘的时光。

毕业快乐。

分手，快乐。

- 03 -

“总感觉毕业遥遥无期，转眼就各奔东西。”

老子再也不用每天早晨都吃难以下咽的包子和豆浆；也不需要在眼看着就要掉下来的勉强吱扭吱扭旋转着的电扇下排几个世纪的长队上一次公共浴池；再也不用拿着小马扎坐在阳台没日没夜地打着明天考试要用的小抄；再也不用撒丫子跑着赶去占座，抢最珍贵的最后一排的风水宝座。

真高兴啊！但似乎还有些伤感。

眼前所拥有的一切，周而复始地似乎并没能教给我们走到社会上有用的东西的生活，终于就要结束了！

可是，也只有毕业，才堂而皇之地隆重宣告着，逝去的青春，真就永远回不来了。

毕业了才知道，有些人，一别就是永远。有些地方，走了就不会再回来。直到走出校园才发现，真的没能准备好，开始一段新的人生征程。

流着眼泪抓痛了肩膀，说好了每年都要团聚一次，不知怎地始终没能实现。

下次再见，真的不知何年何月。

说好的毕业不分手，也变成最易碎的承诺。

也许吧，人生就要经历一次毕业，才算完整。人生只有在毕业之后，才懂得什么叫作再也回不去。

“尚未佩剑，转眼便是江湖。愿历尽千帆，归来仍少年。”

兵荒马乱，仍愿与你共赴未来，回首才发觉，仍有一人，从未离开。

毕业，快乐。

朋友圈正在慢慢删除你的生活

- 01 -

偶然在网络上看到余文乐对于手机的评价。

他说他几乎不用手机，因为只要手机一响，就是工作。

平时就工作忙碌，和家人聚少离多，只有在没有手机打扰的情况下，才能偶尔享受一下生活，所以他在生活中几乎不用手机，也不上网。

在他们的年代，大家坐在一桌吃饭，漫无边际侃侃而谈，把牛吹到天上都不过瘾。而今天，无论是熟人还是陌生人，坐在一张桌子上吃饭，各自低头对着自己的手机，可以一整晚不说话。

没错，朋友圈正在用它独有的方式默默剥夺着大家的真实生活。

仿佛朋友圈里的朋友，才是身边真实存在的朋友。朋友圈里的想念才是最深情的思念。

而在微信里好久不见终于见到的朋友，叙起旧来也就三言两语，免不了被朋友圈的小红点打断，忍不住拿起手机，继续诉说下一段想念。

而坐在对面的那个人似乎也很忙，一边举着刀叉，一边沉浸在自己手机里那段极其重要的对话中。

地铁、等红灯、排队，甚至和家人吃饭、跟朋友聚餐，一整天下来，我们已经离不开手机了。而真实发生在我们身边的事情，显然全没记住。

我们都沉浸在朋友圈这个虚幻的世界当中，某个新闻、某段视频，当时大笑觉得无比有趣，在手机里活完一整天后，抬头看看周围熟悉又陌生的环境，再仔细回想，谁还记得这天究竟发生了什么？

不否认朋友圈丰富了我们的视野，但同时也变相减少了人们的寿命。

- 02 -

几年前，我看过一则新闻报道，今天想起来仍觉毛骨悚然。

地铁里，一名持枪歹徒枪击致人死亡。在场的几十名乘客，却几乎没有人知道惨剧究竟是怎样发生的。

回放监控录像，警察震惊地看到，从凶手上地铁到真正开枪的过程中，曾有四次掏出手枪瞄准乘客的头。而地铁上所有乘客都低头看着手机，竟没有一位乘客注意到他的举动，以致酿成最后的惨剧。

事件轰动一时，没有人能想到，自己像往常一样出门坐了个地铁，却丢掉了性命。

无数人开始反省自己是否过度依赖手机，也尽可能地不在公共场合使用手机。

而今天的我们，在得益于网络快捷的同时，是否也反省过自己是否已经产生了手机依赖症？

如果你觉得这件事在你身边发生的概率太小，那么你有没有发现你有时刻刷朋友圈的习惯？

有调查显示，人们总是情不自禁地拿起手机刷新。无论有没有朋友圈的更新，无论有没有想表达的心情。刷新朋友圈这个不经意的动作已经潜移默化，深入骨髓，渐渐成为我们行为举止中连自己都无法意识到的难以改掉的习惯了。

在日复一日重复着刷新朋友圈的动作中，很难发现这个细微的动作其实在无限地消耗着我们的精力，浪费有限的时间。

不得不承认，朋友圈慢慢删除着你的生活，甚至不可抗拒地删除着你的生命。

- 03 -

不知道你有没有发现，越来越多的人正在慢慢退出你的朋友圈。

尤其是那些有着更加清晰的人生目标，并为之按部就班努力着的人，正在退出，甚至已经退出了朋友圈。

他们会选择信息比较集中的网站、专业领域强的区域来获取信息。他们没有时间，更不会在朋友圈这个鱼龙混杂的大锅菜中消耗大量时间，攫取少量的有效信息。

这样的性价比，还是极易计算得出的。

人生规划越明确的人，朋友圈就发得越少。

当然，普通人的生活没有那么高大上，没必要非得做到跟朋友圈一刀两断。

我们始终需要一个渠道来沟通感情，记录生活点滴，分享趣闻，甚至宣泄情绪。

然而，任何事情都有界限，一旦过界，物极必反，就是完全不同的世界。

过度依赖朋友圈，难免变得焦虑、空虚。当朋友圈的小红点不再亮起的时候，我们肯定会感到局促、不适。

我们要学会适度使用朋友圈，在不影响自己正常生活工作的情况下，让朋友圈起到怡情、放松的效果，生活才会更添乐趣，工作才会事半功倍。

别让朋友圈反过来操纵了你的生活，那才叫得不偿失。

也许，终有一天，朋友圈也会被其他事物所取代，但它仍然是这个世纪最伟大的发明之一。

而我们要做的，不是遗忘，更不是放纵朋友圈慢慢删除我们的生活。而是在朋友圈，记录下我们丰富多彩的整个人生。

你有没有过拉黑朋友的冲动

- 01 -

做微商的时候，我经常饿着肚子发图片，顶着冷风给顾客回语音。

饥肠辘辘、双手冻得通红，我都不以为意，因为一时的忍耐总能换来一两个订单，而这两个订单就是我两三天的口粮。

最尴尬的是有些朋友或同学，总会在图片下面评论“真好看，白送给我吧”云云。我很感谢你没有屏蔽我，但我只是勉强糊口，真的没有白送的实力。

我所有的代理都是免费加入，跟着我这个不靠谱的“老板”任劳任怨。过年期间，我为了奖励他们，同时吸引更多的代理，就把给每个代理单独发红包的截图，发了条朋友圈。

结果朋友来了句：“也不说给我们发个红包。”

我亲爱的朋友，你从未帮我转发过一次图片，也没把我推荐给任何人，是什么支撑你写下这条留言的？你依然是我的好友，但我不可能给你发红包。

这些话有可能只是开玩笑，但听完了却觉得很寒心，就像是吃了个苍蝇，想吐吐不出，硬咽下去又觉得难受。

我不指望每个人都能理解挣扎在温饱线上的痛苦，但也会因为朋友的事不关己感到难过和失落。

你是我的朋友，怎么会真的不理解我？

- 02 -

刚开始写字的时候，每篇仅两千字的文章，对我来说都很不易，需要构思很久。我曾写过跟朋友聊天后的感想，大概内容是，朋友不满足于教师的工资，觉得不足以负担自己希望的生活。

我分享后，被同学看到，他接连发了好几条很长的评论，最后甚至私聊我，把我连名带姓地写在了打招呼的第一句。

×××，你觉得教师的工资很低吗？教师地位很低吗？

我闻出了质问的味道，也很无奈，我从头至尾没有说一句教师的不好。因为相对于我的父母，给我的人生起到指点迷津作用的，恰恰是我的很多老师。

我想表达的观点只是，每个人对生活的要求不同。根据不同的要求，可以选择自己喜欢的工作和想做的事，给自己再搏一次的机会。

有的人工资五千元，却成了月光族；有的人工资两千元，每个月还可以存上一千元。

然而很不幸，我写一篇文章花了三个小时，结果又花了两个小时回复他。只因为他父母都是教师，所以不允许别人有丝毫的质疑。

想去解释，又觉得没有必要。麻烦您通读全文，再来问我。如果所有的文章都只看第一行，就来找我答疑解惑，我真的感到心力交瘁。

我不知道你是真的关心我，还是试图通过你的“关心”改变我。

- 03 -

我和宝先生没有过情人节的习惯。

今年 5 月 20 日，网络情节人的时候，我依旧没抱任何希望，甚至在前一天，我还主动调侃，可不可以给我发个 5.21 元的红包，让我也感受下情人节普天同庆的气氛。

宝先生简短地回答：没有，睡吧。

次日，我们见面后，我一直在他耳边碎碎念，求着他给我发个 5.21 元的红包。

“某某某晒朋友圈，收到了 1314 元红包呢，你就给我发个 5.21 元吧！”

在撒娇、生气、软磨硬泡无果之后，我彻底放弃了，准备安安静静地喝下午茶，等待“5·20”虐狗节的结束。

我漫不经心地搅拌着咖啡，享受着午后安闲的时光。

突然，宝先生不动声色地将礼物盒摆在了我的面前。我打开一看，惊呆了，竟然是一块价格不菲的手表。大概在两周前我的手表坏掉了，我曾跟他说过我要去修表。

宝先生似乎早已料到我的感动和惊喜，得意的神情溢于言表。我一边不断抱怨着太贵了，一边矫情地伸着手腕，让他帮我戴上。

最暖心的感觉莫过于，你随口一说，他却听进了心里，并赋予了实际行动。

我口中不停地埋怨，可对他的心疼更甚了。正因知道他的不容易，更加剧了我的幸福感，原来我的漫不经心，真的会变成他的关心和用心。

很少晒幸福的我，把照片拍得美美的，发了条朋友圈，满满的幸福几乎要溢出手机屏幕。第一是我真的很感动，第二是为了大张旗鼓地表扬我的宝先生，告诉那些真正关心我的朋友，男朋友对我真的很好。

结果，收到了一条评论，让我大跌眼镜。

“哈哈哈，这么有钱啊，咋不送钻戒啊！”

实际上，我和宝先生都没有什么钱，就算他送我个十几块钱的地摊货，我也会倍加珍惜，小心翼翼地收藏起来，作为第一次过情人节的纪念。

虽然表没那么昂贵，但我还是回复：“比钻石贵多了。”他的情谊让我视若珍宝。

“哈哈，你们成了资产阶级了，快要被打倒了（偷笑）。”

过惯了简单的生活，我们连偶尔的惊喜都不配拥有？看到这句话，我特别气愤。你根本不懂我们处在什么样的阶段，经历着什么样的生活，我们是否有资格过更好的生活，其实跟你也没什么关系。

有人真的透过朋友圈关心你，有的人只是作为围观吃瓜群众，凑凑热闹，顺便煽风点火。

- 04 -

朋友圈的发明，从一定程度上说，就是为了获得点赞、评论。

分享生活的同时，确实有一定满足个人虚荣心的成分。好东西值得被分享，我的快乐也希望透过屏幕传递给真正关心我的朋友。

发朋友圈真的需要智慧，评论朋友圈，更能看出一个人的情商。

如果不能真心祝福，就请你做到眼不见为净吧。现在的世界，互相了解和掌握动态最便捷的平台就是朋友圈。我不反对抒发个人观点和言论自由，但拆台泼冷水这种事，真的不适合留下文字证据，让人硌硬到恨不得删掉朋友圈，又真的舍不得删除此刻的心情。

我知道，世界上没有几个人真的在乎你的冷暖，在意你是否真的幸福。

晒出来的幸福，不一定是真的幸福；点赞评论的，也不一定是真心祝福。朋友圈就像是一个无形的小社会，我们作为虚拟的社会人，更要拥有隐形的智慧。

当我们在点赞、评论的时候，是否应该多一些同理心，不要让冷眼旁观和事不关己变成刺伤他人的利剑。

我还是渴望一场盛大的婚礼

-01-

9月3日，舒淇和冯德伦在微博宣布结婚喜讯，引起网友一波波祝福。

就像他们在结婚启事中说道：不需要华丽的礼服，不需要婚宴和派对，不需要慎重的决定和周密的计划，只要最后是你，再晚都没关系。

就是，刚刚好的时机，遇到了刚刚好的人。

相识二十年，相恋四年，曾经的邻家男孩和青涩少女，如今历练成型男熟女。兜兜转转，看破了风风雨雨，却还是跟最初相遇的人牵手了。

爱是运气，更是时机。

好像命运就是如此安排，爱情也许会迟到，但绝不会缺席。

舒淇透过经纪人透露：“婚纱是 H&M 两年前送我的，头纱是一家婚纱店随便挑的，他的西装跟我的粉红色小洋装临拍照前两天才让 sliver 街边买的……”

我们感慨舒淇在 40 岁能够得遇良人，也祝福他们纠缠一生，幸福一生。

- 02 -

回头想想自己，似乎并没有像舒淇和冯德伦那样，想结就结，洒脱和不顾一切。

我还是渴望一场盛大的婚礼。

《老友记》中，罗斯和爱蜜丽正沉浸在筹划结婚的喜悦中，却意外发现爱蜜丽预定的礼堂被提前拆迁了。那是她父母结婚时的礼堂，她也渴望自己可以在那里举行一场完美的婚礼。

罗斯的妹妹莫妮卡建议她："如果你不想随随便便找一个礼堂结婚，那你可以把婚礼延期。"

听到爱蜜丽想要延期举办婚礼，罗斯气急了。他怒气冲冲地质问莫妮卡，为什么爱蜜丽会做出这种愚蠢的决定，他不能让亲朋好友再腾出时间，专程从美国飞往英国来参加第二次婚礼。

莫妮卡却问："你筹备这次婚礼多久了？"

"不好说，一个月吧。"罗斯不耐烦地说。

"爱蜜丽可能从五岁起就在计划了。从她第一次拿来一个枕套披在脑袋后面开始。所有女生都这样，我们梦想办一场完美的婚礼，在一个完美的场地，有一个完美的四层结婚蛋糕……"

莫妮卡道出了爱蜜丽的想法，更像是道出了自己的心声，忍不住哽咽了。两位损友从厕所里飞出了一包纸巾，让观众突然跳出这个感人的画面。

我也"扑哧"一声笑了出来，笑过之后，莫妮卡的几句话却在我脑海中反复徘徊。

是啊，大多数女孩都渴望一场婚礼，与盛大无关，与梦想有关。

很少有人会像舒淇那样，洒脱地爱，底气十足地嫁。

- 03 -

一场婚礼，对于女孩子究竟有多么重要？

李小璐在办结婚典礼的时候，宋丹丹曾在微博上祝福，并感慨万千。

“参加小璐的婚礼，几次眼泪涌入眼眶，突然明白：我，为什么会有三次婚姻？因为，我从来就没有一次像样的婚礼。女孩们：别怕麻烦，一定要婚礼！要当众的那份承诺，要许多人的祝福，要公主的待遇。婚礼上，上帝看得见的仪式，会得到祝福。”

每次想起这段话的时候，情绪都会错综复杂。

我也曾幻想着只要足够爱了，完全不需要形式上的婚礼。但随着年龄越来越大，我也开始渴望着亲朋好友的见证，和万众瞩目的祝福。

随后不久，宋丹丹又通过微博透露：去中磊会所聚会，老公问我是否想补办婚礼，我说：“等我 87 岁时再补吧，如果我们可以活到的话（那时我们结婚 50 年）。”

宋丹丹老公此举，更是甜化了无数网友的心。

宋丹丹的一句话，甚至可能只是一时的感慨，都足以让他牢记在心，并真正打算付诸行动。

“说者无意，听者有心”般的在乎，成了爱情里最美妙的事。

宋丹丹是智慧的，无论从她的事业，还是对待巴图的教育，她都是成功的。她很感性，她也曾像所有女人一样为爱痴狂，彷徨失措。但她更是理性的，散发着女性思想独立的光环。

而她在老公面前，却只是一个值得疼惜的小女人。值得他人到中年，只因妻子的一句话，便忘掉叱咤风云的老板身份，和可能招来的笑话和异议。他只是设身处地想要完成她的愿望，弥补她内心深处的遗憾，为她补办一场盛大的婚礼，在所有人面前，让她享受公主的待遇和真挚的承诺。

- 04 -

这些年，我陆续参加过很多朋友的婚礼，回想当年我们一起剪刘海儿、嬉笑打闹、追偶像的青葱年少，便情不自禁跟着新娘的情绪起伏跌宕，感动落泪。

泪珠在聚光灯下闪闪发光，他们却笑得更甜了。

我忍不住幻想我的婚礼，不需要奢华的礼服，也不苛求完美的场地，豪华和铺张更是大可不必，但一定要是我梦想中的那样。

我想要的是盛大的幸福感。

我渴望被花香围绕，渴望他羞涩却坦坦荡荡的那句“我爱你”，和指尖触碰到婚戒的那一瞬间。

即使在慌乱中，我们遗漏了细节、错过了时机，但这丝毫不能影响我们满溢的甜蜜。

生命总是以波澜不惊为主旋律，而大多数中国男人却总羞于去创造惊喜。

不妨试着让婚礼成为我们谱写浪漫的第一步。或许在策划的过程中和深深的感动之后，男人会知道，浪漫和仪式感，在女人的生命中，究竟占据了何等重要的地位。

当然，完美的婚礼不等于拥有完美的生活，多次结婚和没办过婚礼也没有必然联系。

但我们既然决定相依为命，何不以足够的浪漫为序幕，揭晓幸福，携手余生。

如果真正爱一个女孩，请给她一场盛大的婚礼。

余生，请多指教。

我们都会遇到属于自己的小包总

- 01 化解误会，靠的是智慧 -

看了《欢乐颂2》，相信很多几乎要放弃爱情的姑娘都会忍不住心动。

在真爱面前，再强势的男人都学会了撩骚。

像小包总这样事业有成的男人，说实话，年轻漂亮的姑娘基本上都是前赴后继、源源不绝。可他偏偏爱上了安迪这样一个难搞的从华尔街镀金回来的天才。

于是，强势的、自信的，甚至在把妹方面有些自负的小包总，从把妹高手，手到擒来变成了降低身份，察言观色，试探着靠近。

不得不说，小包总的情商极高。

面对安迪的爱答不理，小包总不用强攻，用计谋。

苦肉计人人都会，偏偏小包总能够运用得得心应手。在正面猛攻无果的情况下，小包总用一招苦肉计成功敲开了安迪这道铁门，瞬间拉近了两个人的物理距离。

几声“哎哟”，就将与心爱女人的距离，从遥不可及变为一墙之隔，再到一门之隔，再到用同一把勺子吃同一碗饭，最后到“肉体接触”。

物理距离的拉近，势必会造成心理距离的靠近。

小包总用各种各样的方式，一点一滴敲开安迪的心门。

两人在海边聊天，小包总意外得知安迪是孤儿，没有用同情的眼光打量她，而是故作惊讶地说：“我第一次见你的时候，就觉得你高处不胜寒，原来你是外星人遗落在地球上的孩子，了不起呀！”

任何心里有过伤痛的人，在听到别人用幽默的方式化解人生悲痛和尴尬的时候，心里都会暖一下，很难不对对方产生好感吧！

面对像安迪这样独立的女强人，可能卖萌装傻，往往比拼智商，来得更高级。

面对这样一个有情商、有智商，又肯为爱屈尊的男人，什么样的公主也不攻自破了吧。

谈恋爱，高情商比高智商更迷人。

-02　爱，就要表白-

大多数人都曾有过暗恋的经历。

而小包总告诉我们，爱一个人，就要大胆表白。

当安迪问道：“你有没有经历过一种感情，明明两个人很相爱，但就是不能够在一起。在一起，只会让对方更痛苦。因为只有分开，才是对对方最好的选择。”

小包总却说：“哪个浑蛋跟你说的这话？那不明摆着不爱你吗？那还有跟绝症病人结婚的呢？只要上心，什么困难克服不了啊！是，当然有些人在分手的时候把困难说得天大地大，给彼此留条后路，为什么呢，方便江湖重逢。”

其实想透了也不过如此，我们爱上一个人，说容易也容易，但说难也真的太难。一旦确定真正爱上，一定要给自己表白的勇气。

如果没有勇气，就努力变得优秀。因为只有更加优秀，我们才能最大限度降低其他因素左右这段感情的可能性。

有太多的人，徘徊在告不告白的门口，错过在一起的最佳时机。

不告白的原因有很多，自卑、内向、自我怀疑。但总结为一点，就是不够自信。

而不自信的原因，太多了。

我们可能没有小包总那样残酷的童年，必须事事争第一，但我们一定要学会自我养成。

无论我们的原生家庭是何种模样，有可能是万丈深渊，也有可能是无比严格，我们都要懂得规划人生，明白人生的走向。正因为原生家庭的无法改变，我们更要有改变人生的强烈渴望。

无论你是否天生是自信体质，我们都要学着笑对人生。

人生是自己的，你不对自己微笑，没人会替你微笑。

无论身处万丈沟壑，还是含着金汤匙，我们都要努力在自我范围内变得更加优秀。可能永远都无法超越别人，成为最优秀的，但通过努力一定可以做最优秀、最自信的自己。

当你终于遇到了那个心爱的人，你再也不会因为自卑而退缩，低着头揪着衣角不敢靠近。

这，或许就是为什么我们要变得更加优秀的最美好的答案吧！

-03　真爱一个人，再尽情撩-

回国后，小包总抑制不住再见安迪的喜悦，一下子给安迪来了个后背拥抱杀。原地旋转360度，双脚腾空飞跃而起之下，任谁都忘了恐惧与矜持了。本来对肢体接触特别厌烦的安迪都没法责怪他。

在泰国，小包总带安迪逛小吃街，亲手做烧烤；安迪来到他的地盘，他又为安迪安排好了一切，带安迪见妈妈，带安迪来到专属于他的最重要的地方。

小包总告诉我们，如果真爱了，一定要真撩。

撩，就要用最真诚的自己，开诚布公，坦坦荡荡。

如果不是真爱，不要轻易进攻。确定是真爱，在不影响对方的情况下，可以施展十八般武艺，给自己一个机会，也给对方一个了解自己、接受自己的机会。

一份付不出真心的感情，到最后也很难得到完美的结局。

如开篇所说，很多快要放弃爱情的姑娘，看到小包总都会忍不住心动。

确实，很多好女孩保持一颗初心，矜持着、等待着，秉持着一颗一定要嫁给爱情的心，可却在现实与逼婚面前，变得越来越不相信爱情，生怕自己委曲求全潦草结婚，渐渐变成如果不能遇到爱情，宁愿独身主义，不结婚。

想了又想，可能只是因为没能遇到那个专属于自己的小包总吧。

理解你的伤痛，并拥有足够高的情商能够完美化解；在你被动妥协、自我怀疑的时候，他能够第一时间出现在你面前，敞开怀抱，告诉你世界上还有一个人渴望珍惜你；他的出现，无时无刻不在告诉着你，生活不仅仅是要辛苦着拼命往上爬，生活更大的乐趣是享受人生，走出狭区，走向阳光。

也许，完美的小包总可遇不可求，但只要我们保持一颗乐观坚定的内心，不妥协、不悲观，不轻视生活，不放弃希望，终有一天，我们也会遇到那个只属于我们的小包总。

也许，就在明天吧，谁知道呢。

摆脱不了的原生家庭，精装不了的悲惨人生

应该有很多人讨厌樊胜美。

讨厌她俗不可耐，谈恋爱前先算计背景、年薪和车房，把自己装得高大上，虚伪庸俗。讨厌她精打细算俗气到骨子里的模样。看到她为一个腰包稍鼓的大肚便便的男人圆滑世故到令人作呕，心生厌烦。

可这些虚伪、世俗、铜臭，却夹杂着更多的心酸和无奈。

《欢乐颂》里有一幕令人印象深刻：樊胜美拿着“意外”得到的购物卡，为了解救原生家庭，踮着脚尖皱着眉头四处张望，盼着买卡人快快到来以换取现金的焦急样子。

一个女人，为了钱穷途末路，同时也很容易抛弃自尊，别管她表面上多么骄傲。

直到今天，蒋欣演绎的那副无奈和悲哀的眼神，完美地道出了一个女人摸爬滚打到三十岁，仍无法摆脱原生家庭困境的无奈模样。

樊胜美，无论外表如何精致，职场多么雷厉风行，在见到男友家长的一瞬间，包裹得严严实实的精致彻底垮掉。

内心越脆弱，外表就包裹得越坚强。

当樊胜美终于和王柏川摊牌，也终于勇敢地正视自己的内心，喜欢这

个男人就要跟他在一起，放弃通过找有钱男人的捷径翻越原生家庭这道沟壑的时候，新的问题又出现了。

王柏川的母亲极力反对她，并亲自劝说樊胜美放过自己的儿子。

当樊胜美体面微笑着说“麻烦您回去跟王柏川说一声，我就不再叨扰他了”，然后毫不留恋地转身离去的时候，就像一步步走向了绝望。

当一个人为家庭所捆绑，连闻闻爱情味道的资格都被剥夺的时候，是有多么悲哀！

尽管抛开原生家庭不看，她已经足够优秀，尽管她已经事业小成。

挣扎了二十几年所拥有的小小社会地位，远远不足以弥补原生家庭这道伤疤。它永远都是樊胜美的弱点，而且是最致命的弱点。

关关安慰她：“时间长了总会解决。”

樊胜美却说：“越是活得时间长，我越是相信命。”

理想很丰满，现实很骨感。

当我们积蓄数年鼓足勇气翻越巨浪，却被迫翻倒地，除了认清现实，估计也没勇气再次起航。

我们都活在一个信息大爆炸的时代，但凡有些能力，都想要跨越阶级，实现人生逆袭。可是真正能够逆袭成功的却寥寥。

家庭，有的让你昂头，有的却让你低头。

樊胜美这样的家庭很多，平日里毫无关心和惦念，尽了孝心却被认为是理所当然，惯出来的无底线的纵容和讨债，拼了命地想摆脱却又放不下的年迈父母。

年过三十，有颜值、有能力，精明又勤奋，但她却始终没能遇到一个好男人，没能组成一个完满的家。深究其家庭根因，像她这样的大龄未婚仍未能解决人生大事，虽然不易理解，但确是情理之中。

原生家庭对于婚姻的无奈，尽在这几句话中：“就像我这样的，谁能要我，谁敢娶我？”

确实，跟她在一起，就意味着要承担毫不相干的责任。

如果你真爱这个男人，是绝对不忍心让对方因为自己而陷入泥淖，自己都说不清要还多少年的债，已经毁掉了的自己的人生，不忍心拖着对方下水；如果单纯贪图对方的钱财，找一个条件好的男人结婚，似乎又违背初心，很难说服自己。

“只要有钱，就能解决这世上绝大多数的事。”

只有感情这件事，是世上极少数的事了。

我身边有很多困于原生家庭无力挣脱之人，有的在大城市单打独斗，跟朋友在一起时尽情开心，回家的次数越来越少。

有的终于还是没能撑住，有留在大城市的能力和运气，却输于家庭的绑架和亲情的束缚，终于回到家乡，开始了心不甘情不愿的朝九晚五的生活。

很难评判一个人，就在于我们从来都没办法真正了解一个人的全部。

认识的她可能活泼开朗，能力超强，可不知道她心里永远有一个无法触碰的雷区。

她自己都在迷茫，是否要束手就擒，接受原生家庭无休止的追讨，我们更无法用世俗的眼光简单粗暴地评断她做法的正确与否。

我们有多渴望自由，就有多渴望摆脱原生家庭带来的困扰；有多向往外面的世界，就有多少撞到头破血流也不回头的拼搏奋斗。

尽管这辈子都很难跨越阶层，实现人生逆袭。但只要我们足够坚强，就会永远无限接近理想的人生、自由的人生。

也许吧，一辈子就这样了。可奋斗让我们有选择的权利，奋斗过，就永远不会后悔。

无论是外表精致的人生，还是无论怎么精装都掩饰不了的真实生活状态，那都是自己的人生，唯一一次的人生。

人生，可能会失败于坐以待毙，也一定有机会绝处逢生。

保大还是保小

- 01 -

“保大还是保小？”

看到这个问题的时候，倏地心一凉。

时至今日，性都能开放得坦然放到桌面上大谈特谈，保大还是保小这么粗浅的道理，为什么还有人搞不清楚呢？

那人紧张兮兮地说，老婆快生了，情绪有点不稳定，昨晚突然问我保大保小的问题，我想了整个晚上，都想不出来。如果真到那一刻，我觉得孩子更可怜吧！

这问题看得我吓出了一身冷汗。原来21世纪的男人还是这个思想，连自己老婆的生命都不看重，那女人凭什么心甘情愿冒着生命危险为你生孩子呢？

我曾经看过一个故事。

妻子难产，一家人看着“病危”的红灯闪烁，急得跳脚。护士拿着一袋一袋的鲜血送进产房，却久久不见妻子平安出来。

这时，医院拿出一份同意书，要家属签字。丈夫眼圈红红的，不知道该从哪里下笔，一会儿看看妈妈，一会儿看看岳母，犹豫不决。护士等得有点不耐烦了，催促丈夫签字。

岳母看着丈夫一脸为难的样子，痛苦地跳了起来，声嘶力竭地大吼："我女儿为你难产大出血，现在你连我女儿的命都不想救？你们家到底是娶老婆还是娶生儿子的机器？！"

岳父一把夺过同意书，立马签上名字，赶紧递给了护士，生怕耽误抢救女儿的一分一秒。

试想，当一个女人倒在血泊里，眼睁睁地望着在世界上最信赖的人，求他救你一命，可他却犹豫不决，变得异常陌生，那生命对于她来讲，究竟还有什么意义？

换作你躺在那里，你又是什么样的心情？

- 02 -

有人说，从妻子怀孕、生产这一过程，足以见一个男人是否值得托付终身。

的确，一个女人在生命最脆弱、最需要呵护的时候，男人能否给予支持，确实考验了一个男人是否真的爱你。

曾经跟闺密讨论过这个问题，保大还是保小？闺密很是气愤：我自己的生命凭什么要别人做主？如果非到万不得已的时刻，我宁愿浑身带血自己签同意书，也不要把自己的生命全权交给一个丝毫不珍惜我的男人手里！

就是这样，我的生命，别人凭什么替我做主？

一个女人，从阵痛开始就等于一只脚迈进了鬼门关，男人一个犹豫的眼神完全就是压死骆驼的最后一根稻草，简直就是直接抬起孕妇的另一只脚，直接扔进十八层地狱。

即便最后母子平安，女人的心智也难免受到极大的摧残。跟这样一个见死不救的男人同床共枕，想想都觉得无比恐怖，哪里还有与之共度余生的勇气和信心？

反之，大人不幸。在这个世界上，除却两位迟暮老人抹着眼泪痛苦余生，还有谁能记得这位连母亲的滋味都没尝过的伟大的妈妈呢？恐怕连自己舍命相救的孩子都不知道，母亲在临盆时的无助和绝望，只懂得跟父亲和所谓的后妈，共享天伦之乐。

你知道吗？你一个犹豫的眼神，比死亡还要陌生，直接摧毁的是我整个灵魂。

从此世界上再无人可以依靠，再无人可以没心没肺地信赖。

- 03 -

至于，保大还是保小，这个问题本身就浑蛋得可以。

谁规定为孩子去死就是女人的义务？什么叫作保大还是保小？

女人究竟是犯了什么弥天大罪，在这么一个生死攸关的时刻，连挽救一下自己生命的权利都不配拥有？

保大，理所当然。

一个女人承担起为整个家庭繁衍后代的重任，还要搭上性命不成？本就在怀孕期间受尽了痛苦折磨，终于挨到最后致命的一关，还要被人上升到一定高度评判可利用价值和剩余价值。究竟要把女人利用到何种程度、榨干到何等地步才算罢休？这本身就是一件残忍至极的事情！

女人除了有价值可利用，别忘了她还是你的老婆！既然你都把娶老婆当成生孩子的机器了，何不痛快找个代孕的，没准还能找个年轻漂亮、肤滑嫩白的。

有这样思想的男人，是不是也重男轻女啊？以生儿子为己任，生不出儿子就誓不罢休，把沉重痛苦的分娩过程一再强加于妻子的身上。

哦，顺便再找个保姆。变成生孩子机器的老婆，大概也难逃保姆命运。

他们从来都不懂得什么叫作“留得青山在”，孩子没有了，可以再要。可老婆没有了，别人家最心爱的宝贝女儿，也就没有了。

遗憾的是，这样迂腐陈旧的思想竟然屡见不鲜。可能在他们心中，老婆没了，也大不了重新再娶。

- 04 -

看过《老友记》的朋友，一定对莫妮卡和钱德勒印象深刻。

不仅因为他们缠绵悱恻的爱情，更因为他们面对这辈子不能拥有自己的孩子时所做出的选择。

他们从没考虑过离婚，更没人因为对方不能生育而嫌弃彼此、指责对方。相反地，他们勇敢面对问题、解决问题，成了所有好友当中最幸福，也是最感人的一对。

从来没有一个女人把孕育孩子这件事当成对丈夫的考验。但令人痛心的是，偏偏这样拎不清的男人比比皆是，甚至出现在 80 后、90 后这些受过高等教育的人群中。

女人怀着对未来美好的憧憬和无限希望走进婚姻，以为一步踏入了天堂，却没想到成了被利用的筹码。

生男孩，你就完成了使命，高昂着头颅唱胜利之歌；生女儿，夹着尾巴做人，不敢有任何怨言地接着生。

女孩千万不要自降身价、自轻自贱，女人的价值绝不单单靠生娃这件事来体现，想要获得对方的尊重，首先要懂得自重。

奉劝各位男士，如果您还停留在“保大保小”的思想里，趁早别祸害别人家的女儿，人家养育了几十年的女儿，不是为了给你轻贱的。

如果不明白婚姻究竟意味着什么，是相濡以沫，还是开枝散叶，最好先别结婚，以免摧毁别人的美好人生。

记得莫妮卡在恋爱初期，看到男性好友在恋爱时不负责任的言行，曾情不自禁地说过一句这样的话，完全能代表女人的心声：

“真不敢相信，我的父母竟然急不可耐地要把我嫁给你们这样的人！”

你敢不敢一个人去餐厅吃饭

- 01 -

判断一个人是否真正独立，往往有着多重标准。比如经济独立，有稳定的收入并且能为自己的开销付款；比如有温暖的家庭，有相亲相爱的老公再养育可爱的宝宝；再比如能一个人逛街、旅行，在餐厅吃饭……

经济独立，是精神独立的前提。而精神独立，却能决定一个人是否能做到真正的独立。

精神独立，要比经济独立更有价值、更加可贵。

我是一个十足的路痴，并非天生所致，纯属后天养成。

我常常被风景和色彩斑斓的物件迷惑了眼球，从不留心记路。再加上常常跟着朋友，有他们在，我只管走路和欣赏，何必多此一举？

所以我经常重蹈覆辙，在商场绕上很多圈，都找不到电梯口。每次在商场迷路的时候，绝望的感觉都会油然而生。这是一个死循环，每迷路一次，我好久都不敢再一个人逛街。

更别说一个人去餐厅吃饭，简直是天方夜谭，想想都觉得恐怖。

曾经，在我的世界观里，一个人去餐厅吃饭的人一定很惨，试想一下，连愿意陪你吃饭的人都没有，是一件多么悲哀的事情。

直到我离开家庭的庇护，走上了社会，独自一人来到陌生的城市，认识全新的朋友，才慢慢发现，事实跟我的想当然大相径庭。

其实，敢一个人去餐厅吃饭的人，有着比常人更强大的内心，有独立的精神领域。

- 02 -

曾经我年少无知，每当遇到独自吃饭的人便不由自主地同情他们，甚至可怜他们。

这种不理解几乎伴随了我的童年和青年，直到我开始一个人吃饭的时候，才真正了解到，那些人的内心，有着超乎常人的独立和乐观。

随着阅历的丰富，我却愈加佩服那些敢于独自在餐厅吃饭的人。大多数人，在独自一人的时候会选择凑合吃点，穿着家居服刷着微信等外卖。可世界上还有一部分人，即使是一个人，也会衣着得体地坐在餐厅里吃饭，享受着舒适的环境和精致的餐点。

真正独立的人，不在乎异样的目光，只要这一刻是享受的，那就怡然自得。

人们都有着或多或少的依赖心理，需要来自外界的肯定和鼓励，好像他人的认可能起到左右自己决定的作用。

对方的质疑会让我们局促不安，甚至开始怀疑自己的选择是否正确。

而真正独立的人往往思想成熟，他们不会在意别人的目光，不会因为对方一个怀疑的眼神就断送了自己辛苦耕织的创意，也不会被假意的阿谀奉承开始一个荒诞的想法。他们有着坚定的价值选择和判断，足够强大的内心和富足的精神让他们能够坚持自我，并毫不动摇地勇往直前。

精神独立的人，活得更自信、更快乐。

- 03 -

最近网络流行这样一句话，老公，我想要你给我买只 YSL。

我能买得起更贵的，但我真想要你买的那只 YSL 啊。在经济独立的基础上，我更渴望得到精神层面的满足。

我相信，这样的女生一定是在双方的经济独立上，才肯理直气壮地红着脸跟男友撒娇谄媚，在全民公开撒娇的氛围下加一把“狗粮”。

我想要的，自己可以付款，想送你的，也可以不看价钱。经济的独立有时候让爱情少了斤斤计较，给感情的顺遂开辟了通道。

经济独立是精神独立的条件之一，但并不是所有人在奋斗拼搏获得经济独立之后，都能达到精神独立的境界。

钱，在填补心灵空虚，确实能给人以安全感，心智的丰满必然导致一些独立的想法，但未见得是彻底的精神独立。它是否能够冲锋而上一路直抵精神高峰，还是会因人而异。

而精神独立的人却不见得都能获得经济独立，否则就不会有像柯罗和米勒那样穷困潦倒，为艺术奉献终身的画家了。

他们画的是信念、是灵魂，而世界却没有用金钱这种最通俗，也是最实际的方法去给予他们丁点儿的肯定和鼓励。

幸运的是，时间还是会给予他们一个公道，还事实以真相。

灵魂越独立，你的人生就会越神奇。

- 04 -

我们到底怎样才能变得更加自信笃定呢？

人生哪有什么一帆风顺，就连王健林也会面临大情小事的抉择，每个人都会有焦头烂额和不知所措的时刻，当几件事情同时交织在一起，要求你每件事都必须做到周到妥善，并且必须要靠一己之力独立完成的时候，人会在一瞬间长大。

当这些无助的瞬间无数次累加，我们就会从依赖走向独立。

时间久了，我们在独立办事的基础上，渐渐地拥有了独立思考的能力、判断力和执行力。

这时候，一个人去餐厅吃饭，似乎变成了一件微不足道的小事。

当我们坐在餐厅的那一瞬间，就会发现，自己已然长大成熟，曾经惧怕的孤独和空虚早已烟消云散，被自信和笃定填充得满满当当。

从容是独立的最高境界。

遇事不慌张，处事不拖沓，懂得权衡利弊并且能痛快地抉择。这大概是我们一生都渴望企及的境界。

今天，我们崇尚精神境界，但却陷入了纸醉金迷的怪圈。庆幸的是，我们还有从物欲横流和绚烂霓虹中逃亡的机会。选择什么样的人生，生活就会给你什么样的内容。选择什么样的灵魂，就会与什么样的心灵对话。

总有一天，我们的境界会得到升华，从狂欢到一人，从害怕寂寞到渴望独处，从年少轻狂到安之若素，从无聚餐不欢到享受一个人吃饭。

蝉鸣的夏季，我想遇见你

-01　回魂深处，是那个破落的小杂院-

有人说，梦境可以真实反映一个人灵魂最深处的想法。而我的梦境深处，对于“家”的概念，永远都会以那个偏僻的小院作为伊始。这个柳树成荫，仅有两栋楼、54户人家的破落的小杂院，是我梦境的开始，也是我梦归的温柔乡。

每逢夏季，晚饭总会早早地结束，三五个孩子在院子里大笑着疯跑，骑自行车，用石头和柳枝搭建起一座座想象的城堡。

院子里的电线杆高高吊起一盏旧灯，吱吱呀呀摇摇欲坠，渴望照亮整个小院，可惜它太老了，也不足够明亮。还好它的旁边就是月亮，让它在黑暗的夜空中不至于那么孤独。偶尔有几颗星星围绕，它便绽开了无比欣慰的微笑，虽然掉了几颗门牙，脸庞也被皱纹包裹得皱皱巴巴。

“月亮掉到水里啦！”

“月亮掉到水里啦！”

只要一个小孩开始喊，其他的孩子就像回音壁一样，一瞬间小院里荡起无数的回响，夹杂着童真的欢笑和时光的印记。

最讨厌的男孩名叫阿飞，比我大三四岁，不是撅着屁股专门对我放屁，就是拿走我可爱的熊宝宝，惹我哭鼻子。不过听说他现在已经结婚了，还生了个大胖儿子。不知是不是跟他小时候一样淘气，爱欺负女生，想到这儿，我忍俊不禁。

- 02　童年是美妙绝伦的梦一场 -

搬家已经三年有余，昔日的玩伴也都散落天涯，我常常在水泥墙里通过手机看看别人丰富多彩的生活，很少主动认识新的邻居，也再没了昔日满脸的泥土和傻甜傻甜的笑容。

孩提时的星星似乎分外清澈明亮。比着课本还能找到勺子形状的北斗七星和夜空中最亮的北极星，说是星光灿烂也不为过。现在抬起头，高耸入云的建筑物璀璨耀眼，绚烂的霓虹承包了整个夜空的闪亮，星归何处，恐怕只有教科书里吧。

小时候我们常常抓萤火虫，兜在塑料袋中，争先恐后地看着它们翩翩起舞。看着飞舞的小精灵们，我们似乎也拥有了闪烁的光芒和自由的翅膀。

“不许吃蚂蚱！”妈妈们经常这样嘱咐。

可是在野地里自由生长的孩子哪能忍住烤一两只蚂蚱来吃的冲动呢？

下雨天是户外游戏的绝佳时机，举着偌大的雨伞，趿拉着妈妈巨大的雨靴，在水坑里放肆地蹦跳、忘我地飞翔，与小伙伴在水花四溅里湿漉漉地哈哈大笑。下雪天是更加可遇不可求的狂欢节日，打雪仗、堆雪人是每一个北方孩子在成长过程中不可或缺的天性解放。

那么多次夏季的夜晚，一听到窗外小伙伴的呼唤，我就从餐桌边一跃而起，紧接着被妈妈一把揪住，强按着吃晚饭，我赶紧扒拉两口饭，把碗一掀到底，胡乱着边擦嘴边往门外跑去。不管是学青蛙“呱呱”叫，还是学布谷鸟“布谷布谷”，都能引得我们哈哈大笑。

什么叫作无忧无虑，现在回想，这定是了。

- 03　有一种梦醒名叫长大 -

小院昔日的邻居渐渐搬离了故居，曾经热闹无比的院子如今冷冷清清。

我的奶奶还住在那里。每逢夏夜，都会搬着小板凳坐在昏暗的小院，摇着蒲扇，模糊地盯着大门口的方向，注意是否有熟人突然走来，热情地大喊一声：“婶子，我来了！”

我们多次把奶奶接到新家来住，无奈老人家受不了楼房的束缚，顶多住上三天就会浑身不自在，吵吵嚷嚷着要回去，回那个冷落凋零的小杂院。

“还是自己自由啊！”奶奶常常唠叨这样一句话。

在外求学已有六年之久，回到小院的间隔越来越长，停留的时间也越来越短，来不及回首往事，细细回味纯真的美好。也没机会感悟未来，将此刻的心情延续下去。

我躺在四角铁床上，闭着双眼，慢慢把自己放空，似乎听到了寂静的小院里此起彼伏的清脆蛙鸣声。几个小朋友叽叽喳喳地围在花池边，比着谁手心里的蜗牛爬得更快，谁抓住的蚂蚱更大。我们玩得汗流浃背，可谁都不肯停下追逐打闹的脚步，直到奶奶举着水杯在楼梯口大喊一声：“快来喝水！”我才百米冲刺似的赶了过去，眼睛始终盯着游戏的孩子们，接过水杯匆匆地灌进肚子，水还含在口中没来得及下咽，就又飞奔回小伙伴的队伍中去。

我翻了个身，感觉喉头有些发紧，清咳一声，竟有一丝哽咽，我清醒了很多。

窗外明亮的路灯透过窗户直直地射进我的双眼，“嘀嘀”声不绝于耳。我努力还想回到刚才的浅梦中，再把奶奶唤我名字的声音回味一遍，却驱不散楼下传来的刺耳鸣笛声和醉酒划拳声。

关上了房间里所有的灯，拉紧了窗帘，可怎么也唤不回小院独有的“万籁俱静”。蛙鸣在深夜里努力穿透响亮的发动机轰鸣声和人群的嬉笑吵闹声，挣扎着发出微弱的、令人难以分辨的“呱呱呱”。

我当下决定，明天就回那个令我魂牵梦萦的小杂院。奶奶一定就坐在门口最显眼的地方，摇着一把破旧的蒲扇，眯缝着双眼，迷离地盯着门口，看看有没有熟人归来，有没有她最亲最爱的孙女回来，兴高采烈地大喊一声：“奶奶！我回来了！”

“你怎么那么物质？”“那我干吗找你？扶贫吗？”

- 01 -

朋友气炸了。

微信分分钟蹦出来三十多条，差点儿把桌子震塌。

“这次我一定一定一定要跟他分手！谁也别拦我！”

真没人拦你，只不过每次禁不住对方糖衣炮弹的攻击颠儿颠儿跑回去的人是你。

隔着屏幕都能喷出火来。我知道阿虔不吐不快，不发泄出来估计要气晕。

阿虔是个娇小的“大女人”，外干中强，小县城艰难求学，考入知名大学。由于在校期间的表现优异，又被推荐到相当不错的用人单位。工作三年，工资轻松过万，绝对属于优质女神，上班刻苦，假期就飞去旅行，生活好不惬意。

要是说生活中唯一一点小小的不如意，就是和男友的终身大事始终无法落听。男友是她大学同学、老乡，比她高一届，毕业后回到老家找了一份十分稳妥的工作，静候女友毕业回老家结婚。

阿虔偏偏咽不下这口气。寒窗苦读十余载，曾拼了命挺进大城市，如今却拼了命地逃离。阿虔看不上家乡那份看似稳定的工作，决心在大城市拼一次。

于是就有了长达三年的异地恋，无数次为我国铁路事业做贡献。

成功，不是要强的专属，但却是倔强的结果之一。

她终于过上了想要的生活。

如果阿虔为了爱情毕业就回老家，现在早已过上了相夫教子的生活，但我肯定她一定不会快乐，甚至心怀悔恨，恨自己没能再坚持一下。

- 02 -

可能这就是大城市与小县城的区别吧。

乱花渐欲迷人眼，阿虔的眼界确实慢慢高出我们一座珠穆朗玛峰，见闻和消费水平也甩出我们一个“撒哈拉”。

所谓我们，当然也包括阿虔的男友——大承。

大承根本不知道阿虔送给他的运动鞋相当于他两个半月的工资，他也不知道阿虔一只手包高出淘宝同款十倍的价格。

两个人在一起四五年，从没有任何消费能力的穷学生到现在，奋斗多年，终于看到了理想生活的雏形。

阿虔邀他去旅游，他说没时间，阿虔知道他工资低，每个月除去生活费、看望她、还房贷，手里几乎剩不下几个钱。他要面子，更不可能花她的钱。

阿虔自然失望，跟爱的人一起看看外面的世界，是她曾经的奢望，现在有条件了却还是无法实现。她一直在等，在等那一天的到来，她很爱他，她也有足够的耐心。

可没想到，本该甜到发腻的双人之旅，却爆发了有史以来最激烈的一次争吵。

阿虔曾迷上一条价格不菲的钻石项链，对着照片垂涎欲滴数月却始终不敢放血。在异国他乡看到实物后更是爱不释手，而且价格比国内便宜了几千块，在这个层次的首饰中，算是性价比很高了。

大承看着她发光的眼神，和远远超出负荷能力的价格，根本就不可能花几平方米的房钱去买一条项链。面对拖了几次都纹丝不动的阿虔，语气渐渐有点不耐烦。

“你怎么变得这么物质了？！”

- 03 -

话一出口，大承就已经知道自己过分了。

可没想到，阿虔气得撒腿就跑，面对店员热情的解说，来不及完整显现的尴尬，直接过渡到气愤、委屈、难过，五味杂陈。

阿虔身边不乏被男友包养的女孩，隔三岔五的新款包、首饰，追她的人中也不乏富二代。可阿虔始终不为所动，爱情和事业，她都要那份纯粹。

一个女孩孤身一人在外地打拼，到底有多难？大承在阿虔打来的无数个深夜电话里自然比谁都清楚。可他深知阿虔是劝不回来的，唯有等待、坚守，才有可能等到一个完满结局。

阿虔在宾馆的沙发上差点儿哭到炸裂，心被撕成碎片。大承战战兢兢地回到宾馆，大气都不敢喘。阿虔看到他一副委屈着轻咬着下唇的样子忍不住被气笑了。

大承斜睨，慢慢跪在她的眼前，小心翼翼地开口：“媳妇儿，我错了……”

阿虔“哇”的一声哭得更凶了：“我物质？我哪物质了？我花你一分钱了吗我就物质？”

大承赶紧点头："是是是，你不物质，我物质，我物质……"

"你把钱看得比我重要，可不就是物质？"

阿虔看着他脚上那双跑断腿了才买到的限量版，听他说自己物质，彻底被逗笑了。

我真物质我还能找你？

扶贫吗？

- 04 -

生活中越来越多女性朋友实现了个人价值，并坚守着实现崇尚的理想生活，自己来赚这份信念。

"面包我自己赚，爱情你给我就好。"几乎成了现代女性的心声。

可是越来越多的男生为反女权主义摇旗呐喊，一边痛斥女生越来越物质，一边打着"男人出轨很正常""娶你就是来我家刷碗""你没个正经工作我妈妈不会接受你"的旗号伸张"直男主义"。

学，我上了；书，我读了；工作，我也有了。

面包我自己赚了，爱情你倒是给我啊！

甚至还有相亲还没见面就被拒的，理由更是奇葩："看你朋友圈活得挺贵啊，装得那么高端不累吗？"

晒个海景，泡个温泉就叫装了？很多人本身就那么活的啊！单身优质青年，赚够了钱，去度个假，享受下异域风情就叫装了？用好一点的护肤品，买件上档次的连衣裙就贵不可攀了？

好，就算这是装，就算很贵，这一切跟你有关系吗？我花男人的钱被数落也就认了，花自己的钱也要被指责吗？

在这个世界上，不是所有人都像你那样故步自封地活着。越来越多的人，尽可能地扩大生活圈，与更新奇的世界发生碰撞，享受不同的地域和风土人情。

这个社会，早已经过了那个埋头于生产发展的时代，已经越来越讲究人情和个人价值。无论是女性价值的提升，还是整个价值观的改变，都是社会进步的直接体现。

世界上有太多的大承给另一半放飞自我的自由，也有太多为了爱情努力赚取面包的阿虔。

永远不要放下自尊，降低对爱情纯度的要求。坚信，当你在翘首企盼的同时，也一定有人穿越时光隧道，跟你一样寻找一份纯粹的爱情。